从0到1 全彩版
HTML5 Canvas
动画开发

莫振杰 著

人民邮电出版社

北 京

图书在版编目（ＣＩＰ）数据

从0到1：HTML5 Canvas动画开发 / 莫振杰著. --
北京 ：人民邮电出版社，2020.6（2022.1重印）
ISBN 978-7-115-53706-5

Ⅰ．①从… Ⅱ．①莫… Ⅲ．①超文本标记语言—程序
设计 Ⅳ．①TP312.8

中国版本图书馆CIP数据核字(2020)第052314号

内 容 提 要

　　作者根据自己多年的前后端开发经验，详尽介绍了 HTML5 Canvas 动画开发技术。

　　本书分为两大部分：第一部分介绍 Canvas 基础知识，主要包括 Canvas 概述、直线图形、曲线图形、线条操作、文本操作、图片操作、变形操作、像素操作、渐变与阴影、Canvas 路径、Canvas 状态及其他应用；第二部分介绍 Canvas 进阶知识，主要包括事件操作、物理动画、边界检测、碰撞检测、用户交互、高级动画、Canvas 游戏开发、Canvas 图表库。

　　此外，本书还配备了书中所有案例的源代码和 PPT 教学课件，以方便学校老师教学。本书适合作为前端开发人员的参考书，也可以作为各类院校相关专业的教材及教学参考书。

◆ 著　　　　莫振杰

　　责任编辑　罗　芬

　　责任印制　马振武

◆ 人民邮电出版社出版发行　　北京市丰台区成寿寺路11号

　　邮编　100164　电子邮件　315@ptpress.com.cn

　　网址　https://www.ptpress.com.cn

　　固安县铭成印刷有限公司印刷

◆ 开本：787×1092　1/16

　　印张：21　　　　　　　　　　2020 年 6 月第 1 版

　　字数：577 千字　　　　　　　2022 年 1 月河北第 4 次印刷

定价：89.80 元

读者服务热线：(010)81055410　印装质量热线：(010)81055316
反盗版热线：(010)81055315
广告经营许可证：京东市监广登字20170147号

如果你想要快速上手前端开发，又岂能错过"从 0 到 1"系列？

这是一本非常有个性的书，学起来非常轻松！当初看到这本书时，我们很惊喜，简直像是发现了新大陆。

你随手翻几页，就能看出来作者真的是用"心"去写的。

作为忠实的读者，很幸运能够参与本书的审稿及设计。事实上，对于这样一本难得的好书，相信你看了之后，也会非常乐意帮忙将它完善得更好。

——五叶草团队

前言

　　一本好书不仅可以让读者学得轻松，更重要的是可以让读者少走弯路。如果你需要的不是大而全，而是恰到好处的前端开发教程，那么不妨试着看一下这本书。

　　本书和"从 0 到 1"系列中的其他图书，大多都是源于我在绿叶学习网分享的超人气在线教程。由于教程的风格独一无二、质量很高，因而累计获得超过 100000 读者的支持。更可喜的是，我收到过几百封的感谢邮件，大多来自初学者、已经工作的前端工程师，还有不少高校老师。

　　我从开始接触前端开发时，就在记录作为初学者所遇到的各种问题。因此，我非常了解初学者的心态和困惑，也非常清楚初学者应该怎样才能快速而无阻碍地学会前端开发。我用心总结了自己多年的学习和前端开发经验，完全站在初学者的角度而不是已经学会的角度来编写本书。我相信，本书会非常适合零基础的读者轻松地、循序渐进地展开学习。

　　之前，我问过很多小伙伴，看"从 0 到 1"这个系列图书时是什么感觉。有人回答说："初恋般的感觉。"或许，本书不一定十全十美，但是肯定会让你有初恋般的怦然心动。

配套习题

　　每章后面都有习题，这是我和一些有经验的前端工程师精心挑选、设计的，有些来自实际的前端开发工作和面试题。希望小伙伴们能认真完成每章练习，及时演练、巩固所学知识点。习题答案放于本书的配套资源中，具体下载方式见下文。

配套网站

　　绿叶学习网（www.lvyestudy.com）是我开发的一个开源技术网站，该网站不仅可以为大家提供丰富的学习资源，还为大家提供了一个高质量的学习交流平台，上面有非常多的技术"大牛"。小伙伴们有任何技术问题都可以在网站上讨论、交流，也可以加 QQ 群讨论交流：519225291、593173594（只能加一个 QQ 群）。

配套资源下载及使用说明

　　本书的配套资源包括习题答案、源码文件、配套 PPT 教学课件。扫描下方二维码，关注微信公众号"职场研究社"并回复"53706"，即可获得资源下载方式。

职场研究社

特别鸣谢

　　本书的编写得到了很多人的帮助。首先要感谢人民邮电出版社的赵轩编辑和罗芬编辑，有他们的帮助本书才得以顺利出版。

　　感谢五叶草团队的一路陪伴，感谢韦雪芳、陈志东、秦佳、程紫梦、莫振浩，他们花费了大量时间对本书进行细致的审阅，并给出了诸多非常棒的建议。

　　最后要感谢我的挚友郭玉萍，她为"从 0 到 1"系列图书提供了很多帮助。在人生的很多事情上，她也一直在鼓励和支持着我。认识这个朋友，也是我这几年中特别幸运的事。

　　由于水平有限，书中难免存在不足之处。小伙伴们如果遇到问题或有任何意见和建议，可以发送电子邮件至 lvyestudy@foxmail.com，与我交流。此外，也可以访问绿叶学习网（www.lvyestudy.com），了解更多前端开发的相关知识。

作者

目录

第一部分　Canvas 基础

第二部分　Canvas 进阶

第一部分
Canvas 基础

第1章

Canvas 概述

1.1 Canvas 是什么

1.1.1 Canvas 简介

在 HTML5 之前,为了让页面获得绚丽多彩的效果,我们在很多情况下都是借助"图片"来实现的。然而图片体积大、加载速度慢,使用图片的代价就是降低了页面的性能。为了应对日渐复杂的 Web 应用开发,W3C 在 HTML5 标准中引入了 Canvas 这一门技术。

Canvas,又称"画布",是 HTML5 的核心技术之一。HTML5 中新增了一个 Canvas 元素,我们常说的 Canvas 技术,指的就是使用 Canvas 元素结合 JavaScript 来绘制各种图形的技术。

既然 Canvas 是 HTML5 的核心技术之一,那它都有哪些厉害之处呢?

▼ 绘制图形

使用 Canvas 可以绘制各种基本图形,如矩形、曲线、圆等,也可以绘制各种复杂绚丽的图形,如图 1-1 所示。

图 1-1　绘制图形(七巧板)

▐ 绘制图表

很多公司的数据展示都离不开图表，使用 Canvas 可以绘制满足各种需求的图表，如图 1-2 所示。

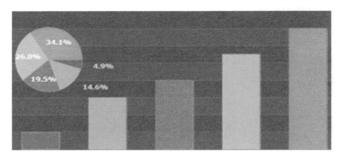

图 1-2　绘制图表

▐ 动画效果

使用 Canvas，我们也可以制作各种华丽的动画效果，非常棒！这也是 Canvas 给我们带来的一大乐趣，如图 1-3 所示。

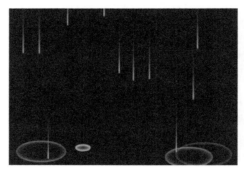

图 1-3　动画效果

▐ 游戏开发

HTML5 在游戏开发领域具有举足轻重的地位，现在我们也可以使用 Canvas 来开发各种游戏。这几年非常 "火" 的游戏，如《捕鱼达人》《围住神经猫》等，都是使用 HTML5 Canvas 开发的，如图 1-4 所示。

图 1-4　开发游戏

此外，Canvas 技术是一门纯 JavaScript 操作的技术，因此大家需要具备 JavaScript 入门知识。对于 JavaScript 的学习，可以关注"从 0 到 1"系列的另一本图书：《从 0 到 1：JavaScript 快速上手》。

1.1.2　Canvas 与 SVG

HTML5 有两个主要的 2D 图形技术：Canvas 和 SVG。事实上，Canvas 和 SVG 是两门完全不同的技术，两者具有以下区别。

▶ Canvas 是使用 JavaScript 动态生成的，SVG 是使用 XML 静态描述的。
▶ Canvas 是基于"位图"的，适用于像素处理和动态渲染，放大图形会使图形失真，如图 1-5 所示；SVG 是基于"矢量"的，不适用于像素处理和适合静态描述，放大图形也不会使图形失真，如图 1-6 所示。也就是说，使用 Canvas 绘制出来的是一个"位图"，而使用 SVG 绘制出来的是一个"矢量图"。
▶ 若发生修改，使用 Canvas 需要重绘，而使用 SVG 不需要重绘。
▶ Canvas 与 SVG 的关系，简单来说，就像"美术与几何"的关系一样。

图1-5　Canvas 位图（放大会失真）　　　　　　　　　图1-6　SVG 矢量图（放大不会失真）

此外，并非 Canvas 比 SVG 有用，也并非 SVG 比 Canvas 有用，它们各自用于不同场合。在实际开发中，我们应该根据需求选择其中一种。

当然，这里只是简单介绍了 Canvas 与 SVG 的区别，如果想要真正了解，我们还得深入学习。最后给小伙伴一个小小的建议：很多人接触新技术的时候，喜欢在第 1 遍学习中就把每一个细节都抠清楚，事实上这是效率最低的学习方法。其实，如果有些东西我们实在没办法理解，那就直接跳过，等学到后面或者看第 2 遍的时候，自然而然就懂了。

1.2　Canvas 元素

HTML5 Canvas，简单来说，就是一门使用 JavaScript 来操作 Canvas 元素的技术。使用 Canvas 元素来绘制图形，需要以下 3 步。

① 获取 canvas 对象。
② 获取上下文环境对象 context。
③ 开始绘制图形。

▼ 举例

```html
<!DOCTYPE html>
<html>
<head>
    <meta charset="utf-8" />
    <title></title>
    <script type="text/javascript">
        window.onload = function () {
            //1、获取canvas对象
            var cnv = document.getElementById("canvas");
            //2、获取上下文环境对象context
            var cxt = cnv.getContext("2d");
            //3、开始绘制图形
            cxt.moveTo(50, 100);
            cxt.lineTo(150, 50);
            cxt.stroke();
        }
    </script>
</head>
<body>
    <canvas id="canvas" width="200" height="150" style="border:1px dashed gray;"></canvas>
</body>
</html>
```

预览效果如图 1-7 所示。

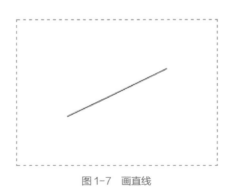

图 1-7　画直线

▼ 分析

在 Canvas 中，我们使用 document.getElementById() 方法来获取 Canvas 对象（这是一个 DOM 对象），然后使用 Canvas 对象的 getContext("2d") 方法获取上下文环境对象 context，最后使用 context 对象的属性和方法来绘制各种图形。

1.2.1　Canvas 元素简介

Canvas 是一个行内块元素（即 inline-block），我们一般需要指定其 3 个属性: id、width 和 height。width 和 height 分别用于定义 Canvas 元素的宽度和高度。默认情况下，Canvas 元素的宽度为 300px（Pixel，像素），高度为 150px。

对于 Canvas 的宽度和高度，我们有两种方法来定义：一是在 HTML 属性中定义，二是在 CSS 样式中定义。但是在实际开发中，我们一定不要在 CSS 样式中定义，而应该在 HTML 属性中定义。为什么呢？我们先来看一个例子。

▼ 举例

```html
<!DOCTYPE html>
<html>
<head>
    <meta charset="utf-8" />
    <title></title>
    <style type="text/css">
        canvas
        {
            width:200px;
            height:150px;
        }
    </style>
    <script type="text/javascript">
        window.onload = function () {
            var cnv = document.getElementById("canvas");
            var str = "canvas的宽度为:" + cnv.width + ",高度为:" + cnv.height;
            alert(str);
        }
    </script>
</head>
<body>
    <canvas id="canvas" style="border:1px dashed gray;"></canvas>
</body>
</html>
```

预览效果如图 1-8 所示。

图 1-8　无法获取正确的宽度和高度

▼ 分析

从这个例子我们可以看出：如果在 CSS 样式中定义，Canvas 元素的宽度和高度是默认值，而不是所定义的宽度和高度，这样我们就无法获取 Canvas 元素正确的宽度和高度。获取 Canvas 元素实际的宽度和高度是 Canvas 开发中最常用的操作，因此对于 Canvas 元素的宽度和高度，我们一定要在 HTML 属性中定义，而不是在 CSS 样式中定义。

1.2.2 Canvas 对象

在 Canvas 中，我们使用 document.getElementById() 来获取 Canvas 对象。Canvas 对象常用的属性和方法如表 1-1 和表 1-2 所示。

表 1-1　Canvas 对象的常用属性

属性	说明
width	Canvas 对象的宽度
height	Canvas 对象的高度

表 1-2　Canvas 对象的常用方法

属性	说明
getContext("2d")	获取 Canvas 2D 上下文环境对象
toDataURL()	获取 Canvas 对象产生的位图的字符串

也就是说，我们可以使用 cnv.width 和 cnv.height 分别获取 Canvas 对象的宽度和高度，可以使用 cnv.getContext("2d") 来获取 Canvas 2D 上下文环境对象，也可以使用 toDataURL() 来获取 Canvas 对象产生的位图的字符串。在这里，cnv 指的是 Canvas 对象。

对于 toDataURL() 方法，小伙伴们暂时不需要深入了解，在后面的章节中会给大家详细介绍。这里我们要认真学习 getContext("2d") 方法。在 Canvas 中，我们使用 getContext("2d") 来获取 Canvas 2D 上下文环境对象，这个对象又被称为 context 对象。后面章节接触的所有图形的绘制，使用的都是 context 对象的属性和方法，我们要特别清楚这一点。当然，现在不理解没关系，学到后面再回过头来看看这段话就懂了。

▼ 举例

```
<!DOCTYPE html>
<html>
<head>
    <meta charset="utf-8" />
    <title></title>
    <script type="text/javascript">
        window.onload = function () {
            var cnv = document.getElementById("canvas");
            var str = "Canvas的宽度为: " + cnv.width + ", 高度为: " + cnv.height;
            alert(str);
        }
    </script>
</head>
<body>
    <canvas id="canvas" width="200" height="160" style="border:1px dashed gray"></canvas>
</body>
</html>
```

预览效果如图1-9所示。

图1-9　获取正确的宽度和高度

特别要注意一点：在本书中所有图形的绘制，使用的都是context对象（上下文环境对象）的属性和方法。

【解惑】

1. 我们可以使用getContext("2d")来实现2D绘图，那是不是意味着可以使用getContext("3d")来实现3D绘图呢？

HTML5 Canvas暂时只提供2D绘图API，3D绘图可以使用HTML5中的WebGL实现。不过3D绘图一直以来都是HTML5中的"黑科技"，技术要求高并且难度大。等学完了这本书，有兴趣的小伙伴可以关注绿叶学习网的WebGL教程。

2. 对于IE浏览器来说，暂时只有IE9以上版本支持HTML5 Canvas，那怎么处理IE7和IE8的兼容性问题呢？

对于IE7和IE8，我们可以借助"explorercanvas"这个扩展来解决。该扩展下载地址为：https://github.com/arv/explorercanvas。

我们只需要在页面中像引入外部JavaScript文件那样引入"excanvas.js"就可以了，代码如下。

```
<!--[if IE]>
    <script src="excanvas.js"></script>
<![end if]-->
```

不过要跟大家说明一下，低版本的IE浏览器即使引入了"excanvas.js"来使用Canvas，在功能上也会有很多限制，如无法使用fillText()方法等。

3. 除了这本书，还有哪些值得推荐的Canvas教程？

建议小伙伴们多看看W3C官方网站的Canvas开发文档，因为这是比较权威的参考资料。W3C官网地址：www.w3.org/TR/2dcontext/。

第 2 章

直线图形

2.1 直线图形简介

在 Canvas 中，基本图形有两种：直线图形和曲线图形。其中，常见的直线图形有以下 3 种。

▶ 直线。

▶ 矩形。

▶ 多边形。

这一章我们先来学习 Canvas 中的直线图形。

2.2 直线

2.2.1 Canvas 坐标系

在学习之前，我们先来介绍一下 Canvas 使用的坐标系，这是学习 Canvas 最基本的前提。

我们经常见到的坐标系是数学坐标系，不过 Canvas 使用的坐标系是 W3C 坐标系，这两种坐标系唯一的区别在于 y 轴正方向的不同，如图 2-1 所示。

▶ 数学坐标系：y 轴正方向向上。

▶ W3C 坐标系：y 轴正方向向下。

小伙伴们一定要记住：W3C 坐标系的 y 轴正方向是向下的。很多人学到后面对 Canvas 中的某些代码感到很困惑，那是因为他们没有清楚地意识到这一点。

数学坐标系一般用于数学上的应用，而在前端开发中几乎所有涉及坐标系的技术使用的都是 W3C 坐标系，这些技术包括 CSS3、Canvas、SVG 等。了解这一点，以后在学习 CSS3 或者 SVG 的时候，我们一下子就可以串起很多知识。

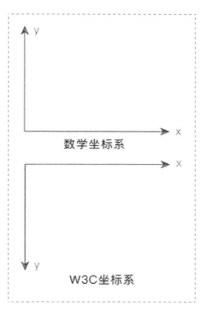

图 2-1　数学坐标系和 W3C 坐标系

2.2.2　直线的绘制

在 Canvas 中，我们可以将 moveTo() 和 lineTo() 这两个方法配合使用来画直线。利用这两个方法，我们可以 画一条直线，也可以同时画多条直线。

1.　一条直线

� 语法

```
cxt.moveTo(x1, y1);
cxt.lineTo(x2, y2);
cxt.stroke();
```

▶ 说明

cxt 表示上下文环境对象 context。

(x1,y1) 表示直线 "起点" 的坐标。moveTo(x1,y1) 的含义是 "将画笔移到点 (x1,y1) 位置，然后开始绘图"。

(x2,y2) 表示直线 "终点" 的坐标。lineTo(x2,y2) 的含义是 "使用画笔从起点 (x1,y1) 开始画直线，一直画到终点 (x2,y2)"。

对于 moveTo() 和 lineTo() 这两个方法，我们从英文含义角度更容易理解和记忆。

```
cxt.moveTo(x1, y1);
cxt.lineTo(x2, y2);
```

上面两句代码仅仅是确定直线的 "起点坐标" 和 "终点坐标"，但是实际上画笔还没 "动"。因此，我们还需要调用上下文环境对象的 stroke() 方法才有效。

使用 Canvas 画直线，跟我们平常用笔在纸张上画直线的道理一样，都是先确定直线起点 (x1,y1) 与终点 (x2,y2)，然后再用笔连线，即 stroke()。

▼ 举例

```
<!DOCTYPE html>
<html>
<head>
    <meta charset="utf-8" />
    <title></title>
    <script>
        function $$(id){
            return document.getElementById(id);
        }
        window.onload = function () {
            var cnv = $$("canvas");
            var cxt = cnv.getContext("2d");

            cxt.moveTo(50, 100);
            cxt.lineTo(150, 50);
            cxt.stroke();
        }
    </script>
</head>
<body>
    <canvas id="canvas" width="200" height="150" style="border:1px dashed gray;"></canvas>
</body>
</html>
```

预览效果如图 2-2 所示。

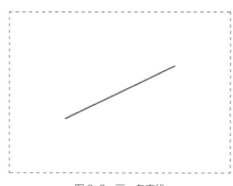

图 2-2　画一条直线

▼ 分析

在这个例子中，我们定义了一个获取 DOM 对象元素的函数 $$(id)，这样减少了重复代码量，使得思路更加清晰。记住，Canvas 中使用的坐标系是 W3C 坐标系，这个例子的分析思路如图 2-3 所示。

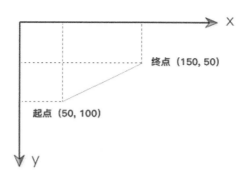

图 2-3 分析思路

2. 多条直线

使用 moveTo() 和 lineTo() 这两个方法可以画一条直线。其实，如果我们想同时画多条直线，也是使用这两个方法。

▌ **语法**

```
cxt.moveTo(x1, y1);
cxt.lineTo(x2, y2);
cxt.lineTo(x3,y3);
......
cxt.stroke();
```

▌ **说明**

lineTo() 方法是可以重复使用的：第 1 次使用 lineTo() 后，画笔将自动移到终点；第 2 次使用 lineTo() 后，Canvas 会以"上一个终点的坐标"作为第 2 次调用的起点，然后再开始画直线，依此类推。我们还是先来看一个例子，这样更容易理解。

▌ **举例：画两条直线**

```
<!DOCTYPE html>
<html>
<head>
    <meta charset="utf-8" />
    <title></title>
    <script>
        function $$(id){
            return document.getElementById(id);
        }
        window.onload = function () {
            var cnv = $$("canvas");
            var cxt = cnv.getContext("2d");

            cxt.moveTo(50,50);
            cxt.lineTo(100,50);
            cxt.moveTo(50,100);
            cxt.lineTo(100,100);
            cxt.stroke();
        }
    </script>
```

```
</head>
<body>
    <canvas id="canvas" width="200" height="150" style="border:1px dashed gray;"></canvas>
</body>
</html>
```

预览效果如图 2-4 所示。

图 2-4　画两条直线

▌ 分析

记住，moveTo() 的含义是"将画笔移到该点的位置，然后开始绘图"。lineTo() 的含义是"将画笔从起点开始画直线，一直到终点"。

如果我们将 cxt.moveTo(50,100); 改为 cxt.lineTo(50,100);，预览效果如图 2-5 所示。大家根据这个例子，仔细琢磨一下 moveTo() 与 lineTo() 两个方法的区别。

图 2-5　cxt.moveTo(50,100); 改为 cxt.lineTo(50,100);

▌ 举例：用直线画一个三角形

```
<!DOCTYPE html>
<html>
<head>
    <meta charset="utf-8" />
    <title></title>
    <script>
        function $$(id){
            return document.getElementById(id);
        }
        window.onload = function () {
            var cnv = $$("canvas");
```

```
            var cxt = cnv.getContext("2d");

            cxt.moveTo(50, 100);
            cxt.lineTo(150, 50);
            cxt.lineTo(150, 100);
            cxt.lineTo(50, 100);
            cxt.stroke();
        }
    </script>
</head>
<body>
    <canvas id="canvas" width="200" height="150" style="border:1px dashed gray;"></canvas>
</body>
</html>
```

预览效果如图 2-6 所示。

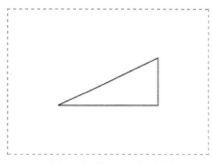

图 2-6　用直线画一个三角形

▼ 分析

这里使用 moveTo() 与 lineTo() 方法画了一个三角形。在画三角形之前，我们先要确定三角形 3 个顶点的坐标。

▼ 举例：用直线画一个矩形

```
<!DOCTYPE html>
<html>
<head>
    <meta charset="utf-8" />
    <title></title>
    <script>
        function $$(id){
            return document.getElementById(id);
        }
        window.onload = function () {
            var cnv = $$("canvas");
            var cxt = cnv.getContext("2d");

            cxt.moveTo(50, 100);
            cxt.lineTo(50, 50);
            cxt.lineTo(150, 50);
            cxt.lineTo(150, 100);
```

```
            cxt.lineTo(50, 100);
            cxt.stroke();
        }
    </script>
</head>
<body>
    <canvas id="canvas" width="200" height="150" style="border:1px dashed gray;"></canvas>
</body>
</html>
```

预览效果如图 2-7 所示。

图 2-7　用直线画一个矩形

▼ 分析

　　这里使用 moveTo() 和 lineTo() 方法画了一个矩形。在画矩形之前，我们也是要先确定矩形的 4 个顶点坐标（这几个坐标值不是随便来的，而是计算出来的）。

　　在 Canvas 中，使用 moveTo() 和 lineTo() 方法可以画三角形、矩形、多边形等。在实际开发中，对于三角形和多边形，我们都用 moveTo() 和 lineTo() 方法来实现。但是对于矩形来说，Canvas 为我们提供了一套更为简单的方法，我们将在下一节给大家详细介绍。

2.3 矩形

　　从上一节我们知道，可以配合使用 moveTo() 和 lineTo() 方法来画一个矩形。但是这种画矩形的方法代码量过多，因此在实际开发中并不推荐使用。

　　对于绘制矩形，Canvas 另外为我们提供了独立的方法来实现。在 Canvas 中，矩形分为两种：描边矩形和填充矩形。

2.3.1 描边矩形

　　在 Canvas 中，我们可以配合使用 strokeStyle 属性和 strokeRect() 方法，来画一个描边矩形。

▼ 语法

```
cxt.strokeStyle = 属性值;
cxt.strokeRect(x,y,width,height);
```

▼ 说明

strokeStyle 是 context 对象的一个属性，strokeRect() 是 content 对象的一个方法。大家要区分什么叫属性，什么叫方法。

1. strokeStyle 属性

strokeStyle 属性取值有 3 种：颜色值、渐变色和图案。对于 strokeStyle 属性取值为渐变色和图案的情况，我们会在后续章节详细讲解。现在，我们先来看一下 strokeStyle 属性取值为颜色值的几种情况。

```
cxt.strokeStyle = "#FF0000";              //十六进制颜色值
cxt.strokeStyle = "red";                  //颜色关键字
cxt.strokeStyle = "rgb(255,0,0)";         //rgb颜色值
cxt.strokeStyle = "rgba(255,0,0,0.8)";    //rgba颜色值
```

2. strokeRect() 方法

strokeRect() 方法用于确定矩形的坐标，其中 (x,y) 为矩形左上角点的坐标。注意，Canvas 中的坐标，大家一定要根据 W3C 坐标系来理解，如图 2-8 所示。此外，width 表示矩形的宽度，height 表示矩形的高度，默认情况下 width 和 height 都是以 px 为单位的。

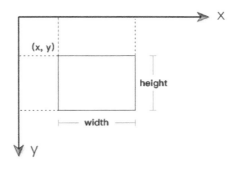

图 2-8　strokeRect() 方法分析

我们还要特别注意一点，strokeStyle 属性必须在使用 strokeRect() 方法之前定义，否则 strokeStyle 属性无效。也就是说，在使用 strokeRect() 方法画线之前，要把应有的参数（如 strokeStyle 属性）设置好。Canvas 是根据已设置的参数来"画"图形的，其实这跟我们平常画画是一样的道理。在动笔之前，先要确定画的是什么，用什么颜色，然后再用笔画出来。我们总不能在不知道自己想要画什么时，就开始动笔乱画吧！

▼ 举例

```
<!DOCTYPE html>
<html>
<head>
    <meta charset="utf-8" />
    <title></title>
    <script>
        function $$(id){
            return document.getElementById(id);
        }
        window.onload = function () {
```

```
        var cnv = $$("canvas");
        var cxt = cnv.getContext("2d");

        cxt.strokeStyle = "red";
        cxt.strokeRect(50, 50, 80, 80);
    }
  </script>
</head>
<body>
  <canvas id="canvas" width="200" height="150" style="border:1px dashed gray;"></canvas>
</body>
</html>
```

预览效果如图 2-9 所示。

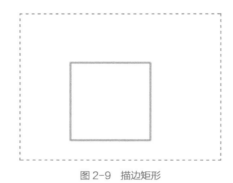

图 2-9　描边矩形

▌ 分析

当我们将 cxt.strokeStyle = "red";和 cxt.strokeRect(50, 50, 80, 80);这两句代码位置互换后，strokeStyle 属性就不会生效了。大家可以自行在本地编辑器中修改测试一下，看看实际效果。本例的分析思路如图 2-10 所示。

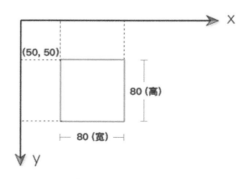

图 2-10　描边矩形分析

2.3.2　填充矩形

在 Canvas 中，我们可以配合使用 fillStyle 属性和 fillRect() 方法来画一个填充矩形。

▰ **语法**

```
cxt.fillStyle=属性值;
cxt.fillRect(x, y, width, height);
```

▰ **说明**

fillStyle 是 context 对象的一个属性，fillRect() 是 context 对象的一个方法。

fillStyle 属性跟 strokeStyle 属性一样，取值也有 3 种：颜色值、渐变色和图案。

fillRect() 方法跟 strokeRect() 方法一样，用于确定矩形的坐标，如图 2-11 所示。其中 (x,y) 为矩形左上角点的坐标，width 表示矩形的宽度，height 表示矩形的高度。

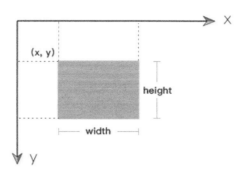

图 2-11　fillRect() 方法分析

跟描边矩形一样，填充矩形的 fillStyle 属性也必须在使用 fillRect() 方法之前定义，否则 fillStyle 属性无效。

▰ **举例**

```html
<!DOCTYPE html>
<html>
<head>
    <meta charset="utf-8" />
    <title></title>
    <script>
        function $$(id){
            return document.getElementById(id);
        }
        window.onload = function () {
            var cnv = $$("canvas");
            var cxt = cnv.getContext("2d");

            cxt.fillStyle = "HotPink";
            cxt.fillRect(50, 50, 80, 80);
        }
    </script>
</head>
<body>
    <canvas id="canvas" width="200" height="150" style="border:1px dashed gray;"></canvas>
</body>
</html>
```

预览效果如图 2-12 所示。

图 2-12   填充矩形

▰ 分析

当我们将 cxt.fillStyle = "HotPink"; 和 cxt.fillRect(50, 50, 80, 80); 这两句代码位置互换后，fillStyle 属性就不会生效了。大家可以自行在本地编辑器中修改测试一下，看看实际效果。本例的分析思路如图 2-13 所示。

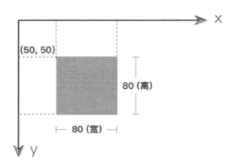

图 2-13   填充矩形分析

▰ 举例

```
<!DOCTYPE html>
<html>
<head>
    <meta charset="utf-8" />
    <title></title>
    <script>
        function $$(id) {
            return document.getElementById(id);
        }
        window.onload = function () {
            var cnv = $$("canvas");
            var cxt = cnv.getContext("2d");

            cxt.strokeStyle = "red";
            cxt.strokeRect(50, 50, 80, 80);
            cxt.fillStyle = "#FFE8E8";
```

```
            cxt.fillRect(50, 50, 80, 80);
        }
    </script>
</head>
<body>
    <canvas id="canvas" width="200" height="150" style="border:1px dashed gray;"></canvas>
</body>
</html>
```

预览效果如图 2-14 所示。

图 2-14　同时画描边矩形和填充矩形

▶ 分析

在这个例子中，我们同时画了描边矩形和填充矩形。

▶ 举例

```
<!DOCTYPE html>
<html>
<head>
    <meta charset="utf-8" />
    <title></title>
    <script>
        function $$(id) {
            return document.getElementById(id);
        }
        window.onload = function () {
            var cnv = $$("canvas");
            var cxt = cnv.getContext("2d");

            cxt.fillStyle = "HotPink";
            cxt.fillRect(50, 50, 80, 80);

            cxt.fillStyle = "rgba(0, 0, 255, 0.3)";
            cxt.fillRect(30, 30, 80, 80);
        }
    </script>
</head>
<body>
    <canvas id="canvas" width="200" height="150" style="border:1px dashed gray;"></canvas>
```

```
</body>
</html>
```

预览效果如图 2-15 所示。

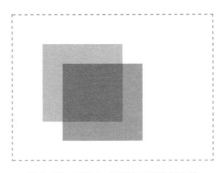

图 2-15　fillStyle 属性取不同的颜色值

▌ 分析

这里我们画了两个矩形：第 1 个矩形使用了十六进制颜色值；第 2 个矩形使用了 RGBA 颜色值。

2.3.3　rect() 方法

在 Canvas 中，如果想要绘制一个矩形，除了使用 strokeRect() 和 fillRect() 这两个方法之外，我们还可以使用 rect() 方法。

▌ 语法

```
rect(x,y,width,height);
```

▌ 说明

x 和 y 为矩形左上角点的坐标，width 表示矩形的宽度，height 表示矩形的高度，如图 2-16 所示。

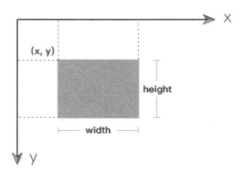

图 2-16　rect() 方法分析

使用 strokeRect()、fillRect() 和 rect() 这 3 种方法都可以画矩形。这 3 种方法的参数设置是相同的，不同之处在于实现效果。其中，strokeRect() 和 fillRect() 这两个方法在被调用之后，会立即把矩形绘制出来。而 rect() 方法在被调用之后，并不会立即把矩形绘制出来。只有在使用 rect()

方法之后再调用 stroke() 或 fill() 方法，才会把矩形绘制出来。

　　·**rect()** 和 **stroke()**

```
cxt.strokeStyle="red";
cxt.rect(50,50,80,80);
cxt.stroke();
```

上述代码等价于：

```
cxt.strokeStyle="red";
cxt.strokeRect(50,50,80,80);
```

　　·**rect()** 和 **fill()**

```
cxt.fillStyle="red";
cxt.rect(50,50,80,80);
cxt.fill();
```

上述代码等价于：

```
cxt.fillStyle="red";
cxt.fillRect(50,50,80,80);
```

▇ 举例

```
<!DOCTYPE html>
<html>
<head>
    <meta charset="utf-8" />
    <title></title>
    <script>
        function $$(id){
            return document.getElementById(id);
        }
        window.onload = function () {
            var cnv = $$("canvas");
            var cxt = cnv.getContext("2d");

            //绘制描边矩形
            cxt.strokeStyle = "red";
            cxt.rect(50, 50, 80, 80);
            cxt.stroke();

            //绘制填充矩形
            cxt.fillStyle = "#FFE8E8";
            cxt.rect(50, 50, 80, 80);
            cxt.fill();
        }
    </script>
</head>
<body>
    <canvas id="canvas" width="200" height="150" style="border:1px dashed gray;"></canvas>
</body>
</html>
```

预览效果如图 2-17 所示。

图 2-17　rect() 方法

2.3.4　清空矩形

在 Canvas 中，我们可以使用 clearRect() 方法来清空"指定矩形区域"。

▶ 语法

```
cxt.clearRect(x, y, width, height);
```

▶ 说明

x、y 分别表示被清空矩形区域左上角点的横、纵坐标，width 表示矩形的宽度，height 表示矩形的高度。

▶ 举例

```html
<!DOCTYPE html>
<html>
<head>
    <meta charset="utf-8" />
    <title></title>
    <script>
        function $$(id){
            return document.getElementById(id);
        }
        window.onload = function () {
            var cnv = $$("canvas");
            var cxt = cnv.getContext("2d");

            cxt.fillStyle = "HotPink";
            cxt.fillRect(50, 50, 80, 80);
            cxt.clearRect(60, 60, 50, 50);
        }
    </script>
</head>
<body>
    <canvas id="canvas" width="200" height="150" style="border:1px dashed gray;"></canvas>
</body>
</html>
```

预览效果如图 2-18 所示。

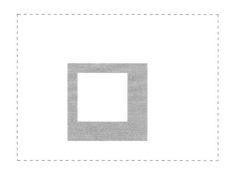

图 2-18　使用 clearRect() 方法来清空指定矩形区域

▶ 分析

这里使用 clearRect() 方法来清空指定矩形区域。这个例子的分析思路如图 2-19 所示。

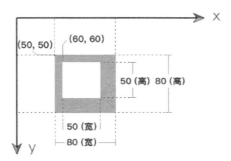

图 2-19　使用 clearRect() 方法来清空指定矩形区域分析思路

▶ 举例

```html
<!DOCTYPE html>
<html>
<head>
    <meta charset="utf-8" />
    <title></title>
    <script>
        function $$(id) {
            return document.getElementById(id);
        }
        window.onload = function () {
            var cnv = $$("canvas");
            var cxt = cnv.getContext("2d");

            cxt.fillStyle = "HotPink";
            cxt.fillRect(50, 50, 80, 80);

            var btn = $$("btn");
            btn.onclick = function () {
                cxt.clearRect(0, 0, cnv.width, cnv.height);
            }
```

```
        }
    </script>
</head>
<body>
    <canvas id="canvas" width="200" height="150" style="border:1px dashed gray;"></canvas><br />
    <input id="btn" type="button" value="清空canvas"/>
</body>
</html>
```

预览效果如图 2-20 所示。

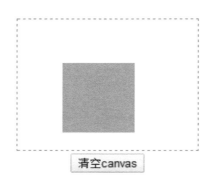

图 2-20　使用 clearRect() 方法来清空整个 Canvas

▌ 分析

cxt.clearRect(0, 0, cnv.width, cnv.height); 用于清空整个 Canvas。其中，cnv.width 表示获取 Canvas 的宽度，cnv.height 表示获取 Canvas 的高度。"清空整个 Canvas"这个技巧在 Canvas 动画开发中会经常用到，大家一定要记住。至于怎么用，在接下来的章节里，我们会慢慢接触到。

最后再次强调，所有 Canvas 图形操作的属性和方法都是基于 context 对象的。

2.4　多边形

通过前面的学习可以知道，我们可以配合使用 moveTo() 和 lineTo() 方法来画三角形和矩形。其实在 Canvas 中，多边形也是使用 moveTo() 和 lineTo() 这两个方法画出来的。

如果想要在 Canvas 中画多边形，我们需要事先在草稿纸或软件中计算出多边形各个顶点的坐标，然后再使用 moveTo() 和 lineTo() 方法在 Canvas 中画出来。

跟矩形不一样，Canvas 没有专门用来绘制三角形和多边形的方法。对于三角形以及多边形，我们也是使用 moveTo() 和 lineTo() 这两个方法来实现的。

2.4.1　箭头

对于绘制箭头，我们都是事先确定箭头的 7 个顶点坐标，然后使用 moveTo() 和 lineTo() 方法来绘制。

举例

```
<!DOCTYPE html>
<html>
<head>
    <meta charset="utf-8" />
    <title></title>
    <script>
         function $$(id) {
             return document.getElementById(id);
         }
         window.onload = function () {
             var cnv = $$("canvas");
             var cxt = cnv.getContext("2d");

             cxt.moveTo(40, 60);
             cxt.lineTo(100, 60);
             cxt.lineTo(100, 30);
             cxt.lineTo(150, 75);
             cxt.lineTo(100, 120);
             cxt.lineTo(100, 90);
             cxt.lineTo(40, 90);
             cxt.lineTo(40, 60);
             cxt.stroke();
         }
    </script>
</head>
<body>
    <canvas id="canvas" width="200" height="150" style="border:1px dashed gray;"></canvas>
</body>
</html>
```

预览效果如图 2-21 所示。

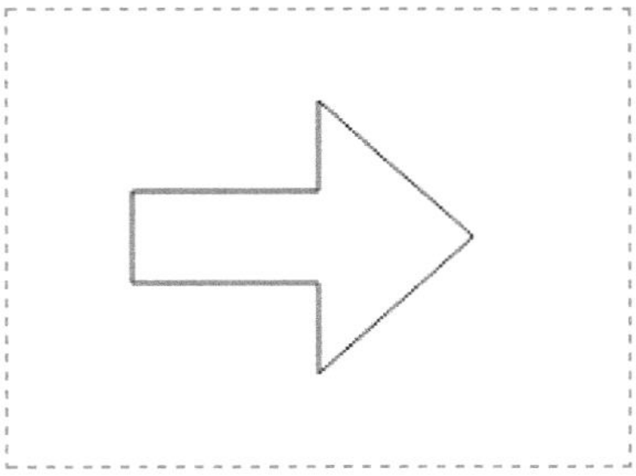

图 2-21　箭头

分析

在绘制之前，我们需要计算出箭头各个顶点的坐标。

2.4.2　正多边形

正多边形在实际开发中也经常见到，要想绘制正多边形，我们首先来了解一下最简单的正多边形——正三角形，如图 2-22 所示。

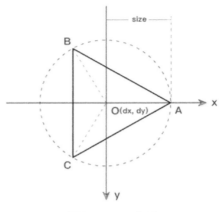

图 2-22 　 正三角形

根据正三角形的特点，我们可以封装一个绘制正多边形的函数：createPolygon()。

▌ 举例

```
<!DOCTYPE html>
<html>
<head>
    <meta charset="utf-8" />
    <title></title>
    <script>
        function $$(id) {
            return document.getElementById(id);
        }
        window.onload = function () {
            var cnv = $$("canvas");
            var cxt = cnv.getContext("2d");
            //调用自定义的方法createPolygon()
            createPolygon(cxt, 3, 100, 75, 50);
            cxt.fillStyle = "HotPink";
            cxt.fill();
        }
        /*
         * n：表示n边形
         * dx、dy：表示n边形中心坐标
         * size：表示n边形的大小
         */
        function createPolygon(cxt, n, dx, dy, size) {
            cxt.beginPath();
            var degree = (2 * Math.PI )/ n;
            for (var i = 0; i < n; i++) {
                var x = Math.cos(i * degree);
                var y = Math.sin(i * degree);
                cxt.lineTo(x * size + dx, y * size + dy);
            }
            cxt.closePath();
        }
    </script>
```

```
</head>
<body>
    <canvas id="canvas" width="200" height="150" style="border:1px dashed gray;"></canvas>
</body>
</html>
```

预览效果如图 2-23 所示。

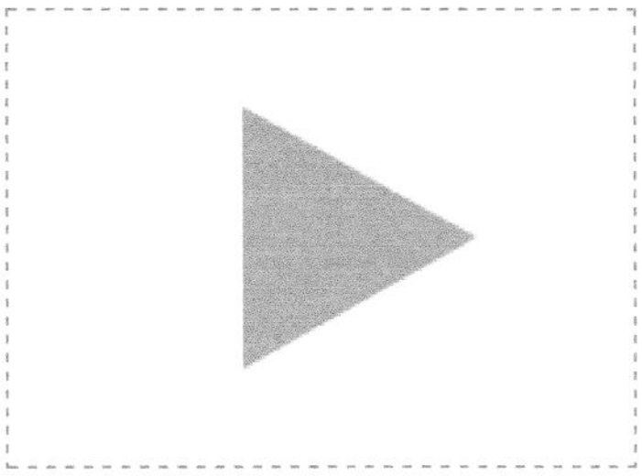

图 2-23 正三角形

分析

cxt.beginPath(); 用于开始一条新路径，cxt.closePath(); 用于关闭路径。对于 beginPath() 和 closePath() 这两个方法，我们会在“第 10 章 Canvas 路径”详细介绍，这里不需要深入了解。

在这个例子中，我们定义了一个绘制多边形的函数。对于这个函数，我们可以加入更多的参数，如颜色、边框等，然后可以把它封装到我们的私人图形库。

当我们将 createPolygon(cxt, 3, 100, 75, 50); 改为 createPolygon(cxt, 4, 100, 75, 50); 时，预览效果如图 2-24 所示。

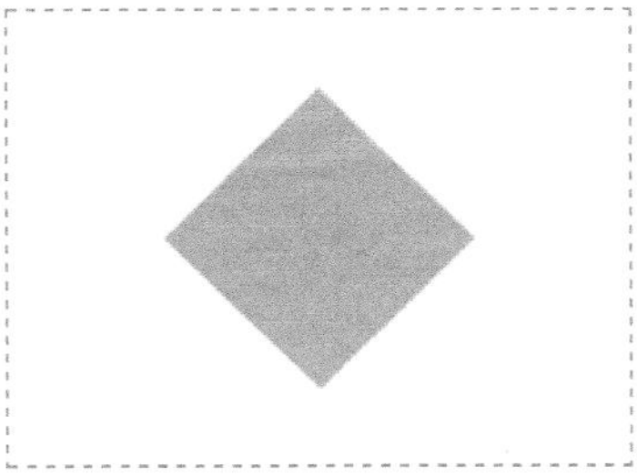

图 2-24 正四边形（正方形）

当我们将 createPolygon(cxt, 3, 100, 75, 50); 改为 createPolygon(cxt, 5, 100, 75, 50); 时，预览效果如图 2-25 所示。

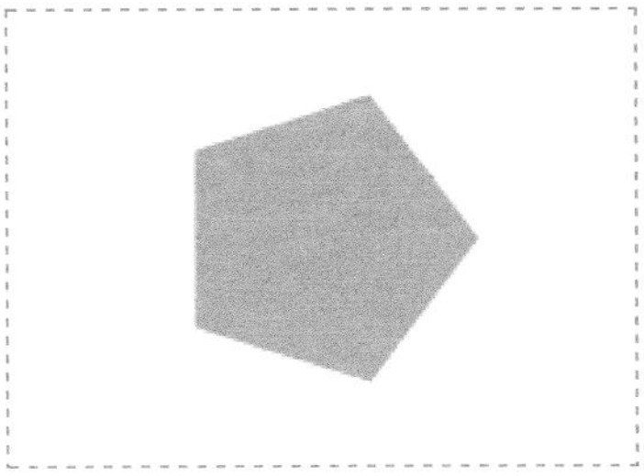

图 2-25 正五边形

当我们将 createPolygon(cxt, 3, 100, 75, 50); 改为 createPolygon(cxt, 6, 100, 75, 50); 时，预览效果如图 2-26 所示。

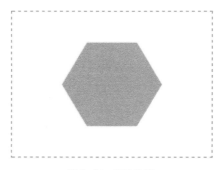

图 2-26　正六边形

createPolygon() 只能用于绘制正多边形，无法用于绘制不规则多边形。绘制不规则多边形的方法也很简单，都是先确定多边形各个顶点的坐标，然后使用 moveTo() 和 lineTo() 慢慢绘制。

2.4.3　五角星

我们来看一下五角星，如图 2-27 所示。

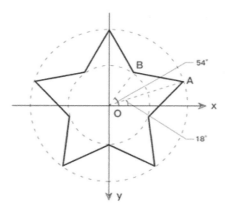

图 2-27　五角星顶点分析

同样，我们也是先获取各个顶点的坐标，然后使用 moveTo() 和 lineTo() 把五角星绘制出来的。根据上面的分析图，我们可以知道∠ BOA=36°、∠ AOX=18°、∠ BOX=54°，然后结合三角函数，我们很容易得出五角星各个顶点的坐标。这个推导过程是简单的，如果小伙伴们的数学已经"还给老师"了，那就没办法了。大家可以自己在草稿中算一下，这里就不详细展开了。

▌ 举例

```
<!DOCTYPE html>
<html xmlns="http://www.w3.org/1999/xhtml">
<head>
    <title></title>
    <meta charset="utf-8" />
```

```
    <script type="text/javascript">
        function $$(id) {
            return document.getElementById(id);
        }
        window.onload = function () {
            var cnv = $$("canvas");
            var cxt = cnv.getContext("2d");

            cxt.beginPath();
            for (var i = 0; i < 5; i++) {
                cxt.lineTo(Math.cos((18 + i * 72) * Math.PI / 180) * 50 + 100,
                            -Math.sin((18 + i * 72) * Math.PI / 180) * 50 + 100);
                cxt.lineTo(Math.cos((54 + i * 72) * Math.PI / 180) * 25 + 100,
                            -Math.sin((54 + i * 72) * Math.PI / 180) * 25 + 100);
            }
            cxt.closePath();
            cxt.stroke();
        }
    </script>
</head>
<body>
    <canvas id="canvas" width="200" height="150" style="border:1px dashed gray;"></canvas>
</body>
</html>
```

预览效果如图 2-28 所示。

图 2-28　五角星

▶ 分析

当然，对于多边形的绘制，我们可以将相应代码封装成一个个函数，以便在实际开发中直接调用。

2.5　实战题：绘制调色板

在使用绘图软件或取色软件的过程中，我们经常会见到各种调色板效果。常见的调色板有两种：方格调色板和渐变调色板。在这里，我们将使用这一章所学到的绘图方法来绘制这两种调色板。

▶ 举例：方格调色板

```
<!DOCTYPE html>
<html>
<head>
    <meta charset="utf-8" />
```

```
        <title></title>
        <script>
            function $$(id) {
                return document.getElementById(id);
            }
            window.onload = function () {
                var cnv = $$("canvas");
                var cxt = cnv.getContext("2d");

                for (var i = 0; i < 6; i++) {
                    for (var j = 0; j < 6; j++) {
                        cxt.fillStyle = "rgb(" + Math.floor(255 - 42.5 * i) + "," + Math.
floor(255 - 42.5 * j) + ",0)";
                        cxt.fillRect(j * 25, i * 25, 25, 25);
                    }
                }
            }
        </script>
    </head>
    <body>
        <canvas id="canvas" width="200" height="200" style="border:1px dashed gray;"></canvas>
    </body>
</html>
```

预览效果如图 2-29 所示。

图 2-29　方格调色板

▉ 分析

对于这种方格调色板，实现的思路非常简单：我们可以使用两层 for 循环来绘制方格阵列，每个方格使用不同的颜色，其中变量 i 和 j，用来为每一个方格产生唯一的 RGB 色彩值；我们仅修改其中的红色和绿色的值，而保持蓝色的值不变，就可以生成方格调色板。

接下来我们尝试绘制一个更加复杂的调色板——渐变调色板。

▉ 举例：渐变调色板

```
<!DOCTYPE html>
<html>
```

```
<head>
    <meta charset="utf-8" />
    <title></title>
    <script>
        function $$(id) {
            return document.getElementById(id);
        }
        window.onload = function () {
            var cnv = $$("canvas");
            var cxt = cnv.getContext("2d");

            var r = 255, g = 0, b = 0;
            for (i = 0; i < 150; i++) {
                if (i < 25) {
                    g += 10;
                } else if (i > 25 && i < 50) {
                    r -= 10;
                } else if (i > 50 && i < 75) {
                    g -= 10;
                    b += 10;
                } else if (i >= 75 && i < 100) {
                    r += 10;
                } else {
                    b -= 10;
                }
                cxt.fillStyle = "rgb(" + r + "," + g + "," + b + ")";
                cxt.fillRect(3 * i, 0, 3, cnv.height);
            }
        }
    </script>
</head>
<body>
    <canvas id="canvas" width="255" height="150" style="border:1px dashed gray;"></canvas>
</body>
</html>
```

预览效果如图 2-30 所示。

图 2-30　渐变调色板

是不是很有趣呢？现在我们也可以开发一个属于自己的调色板了。

第3章

曲线图形

3.1 曲线图形简介

在 Canvas 中，基本图形包括两种：直线图形和曲线图形。前面一章我们已经学习了直线图形，这一章我们再来学习曲线图形。

曲线图形，一般涉及两种情况：曲线和弧线。曲线和弧线是两个不同的概念，大家要注意区分。简单来说，弧线是圆的一部分，曲线则不一定。弧线上的每个点都具有相同的曲率，曲线则不一定。也可以这样说，曲线包含弧线。

有关 Canvas 曲线图形，我们将学习以下 4 个方面。

▶ 圆形。

▶ 弧线。

▶ 二次贝塞尔曲线。

▶ 三次贝塞尔曲线。

3.2 圆形

3.2.1 圆形简介

在 Canvas 中，我们可以使用 arc() 方法来画一个圆。

▼ 语法

```
cxt.beginPath();
cxt.arc(x,y,半径,开始角度,结束角度, anticlockwise);
cxt.closePath();
```

我们必须先调用 beginPath() 方法来声明"开始一个新路径"，然后才可以开始画圆。在使用 arc() 方法画圆完成之后，还要调用 closePath() 方法来关闭当前路径。beginPath() 和 closePath() 一般都是配合使用的。其中，beginPath() 表示"开始路径"，closePath() 表示"关闭路径"。

对于 arc() 方法，参考图 3-1 的分析，其中参数说明如下。

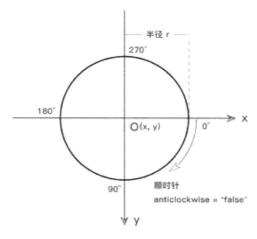

图 3-1　arc() 方法

- ▸ **x 和 y**：x 表示圆心横坐标，y 表示圆心纵坐标。也就是说，(x，y) 表示圆心坐标。
- ▸ **开始角度、结束角度**：开始角度和结束角度都是以**弧度**为单位。例如180°就应该写成 Math.PI，而 360°就应该写成 Math.PI*2，依此类推。

对于开始角度和结束角度，在实际开发中推荐这种写法：**度数 *Math.PI/180**。这种写法让我们一眼就能看出角度是多少，如下。

```
120*Math.PI/180    //120°
150*Math.PI/180    //150°
```

- ▸ **anticlockwise**：anticlockwise 是一个布尔值，当其值为 true 时，表示按逆时针方向绘制；当其值为 false 时，表示按顺时针方向绘制。anticlockwise 默认值为 false，也就是说默认情况下按顺时针方向绘制。

上面这个语法仅仅是对圆形的一个"状态描述"，我们还需要对圆形进行"描边"和"填充"，这样才会有实际效果。这一点跟矩形是一样的道理，大家可以对比一下。

3.2.2　描边圆

在 Canvas 中，我们可以使用 stroke() 方法来绘制一个"描边的圆"。

```
//状态描述
cxt.beginPath();
cxt.arc(x,y,半径,开始角度,结束角度, anticlockwise);
```

```
cxt.closePath();
//描边
cxt.strokeStyle = "颜色值";
cxt.stroke();
```

▌ 说明

strokeStyle 属性用于定义边框颜色，stroke() 方法用于执行描边动作。

▌ 举例

```
<!DOCTYPE html>
<html>
<head>
    <meta charset="utf-8" />
    <title></title>
    <script>
        function $$(id){
            return document.getElementById(id);
        }
        window.onload = function () {
            var cnv = $$("canvas");
            var cxt = cnv.getContext("2d");
            //半圆
            cxt.beginPath();
            cxt.arc(80, 80, 50, 0, 180*Math.PI/180, true);
            cxt.closePath();
            //描边
            cxt.strokeStyle = "HotPink";
            cxt.stroke();
            //整圆
            cxt.beginPath();
            cxt.arc(120, 80, 50, 0, 360*Math.PI/180, true);
            cxt.closePath();
            //描边
            cxt.strokeStyle = "HotPink";
            cxt.stroke();
        }
    </script>
</head>
<body>
    <canvas id="canvas" width="200" height="150" style="border:1px dashed gray;"></canvas>
</body>
</html>
```

预览效果如图 3-2 所示。

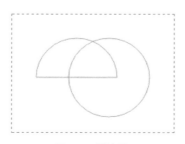

图 3-2　描边圆

▎ 分析

记住，在绘制描边圆时，我们都得重复一遍以下操作。

① 开始路径。

② arc() 画圆。

③ 结束路径。

④ 描边操作。

▎ 举例

```html
<!DOCTYPE html>
<html>
<head>
    <meta charset="utf-8" />
    <title></title>
    <script>
        function $$(id) {
            return document.getElementById(id);
        }
        window.onload = function () {
            var cnv = $$("canvas");
            var cxt = cnv.getContext("2d");

            cxt.beginPath();
            cxt.arc(70, 70, 50, 0, -90 * Math.PI / 180, true);
            cxt.closePath();
            cxt.strokeStyle = "HotPink";
            cxt.stroke();
        }
    </script>
</head>
<body>
    <canvas id="canvas" width="200" height="150" style="border:1px dashed gray;"></canvas>
</body>
</html>
```

预览效果如图 3-3 所示。

图 3-3　将 anticlockwise 定义为 true

▎ 分析

当我们将 anticlockwise 定义为 false 时，预览效果如图 3-4 所示。

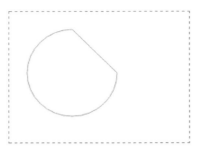

图 3-4　将 anticlockwise 定义为 false

3.2.3　填充圆

在 Canvas 中，我们可以使用 fill() 方法来绘制一个"填充的圆"。

▌ 语法

```
//状态描述
cxt.beginPath();
cxt.arc(x,y,半径,开始角度,结束角度, anticlockwise);
cxt.closePath();
//描边
cxt.fillStyle = "颜色值";
cxt.fill();
```

▌ 说明

fillStyle 属性用于定义填充的颜色，fill() 方法用于定义填充动作。

▌ 举例

```
<!DOCTYPE html>
<html>
<head>
    <meta charset="utf-8" />
    <title></title>
    <script>
        function $$(id) {
            return document.getElementById(id);
        }
        window.onload = function () {
            var cnv = $$("canvas");
            var cxt = cnv.getContext("2d");
            //半圆
            cxt.beginPath();
            cxt.arc(80, 80, 50, 0, 180 * Math.PI / 180, true);
            cxt.closePath();
            //描边
            cxt.fillStyle = "HotPink";
            cxt.fill();
            //整圆
            cxt.beginPath();
            cxt.arc(120, 80, 50, 0, 360 * Math.PI / 180, true);
```

```
            cxt.closePath();
            //描边
            cxt.fillStyle = "#9966FF";
            cxt.fill();
        }
    </script>
</head>
<body>
    <canvas id="canvas" width="200" height="150" style="border:1px dashed gray;"></canvas>
</body>
</html>
```

预览效果如图 3-5 所示。

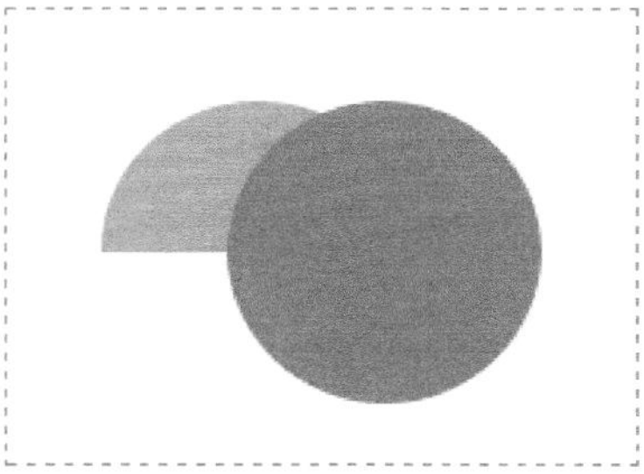

图 3-5 填充圆

分析

由于画“整圆”是在画“半圆”之后，所以“整圆”会覆盖“半圆”。当然，我们可以像上一节那样，既描边、又填充。

描边与填充，很多人觉得非常熟悉。咦，这不就是 Photoshop 中的常见操作吗？联系到这一点，我们的思路一下子就清晰了。事实上，在 Canvas 中对任何图形的操作都分为两种：描边（stroke()）与填充（fill()）。小伙伴们清楚了这一点，在接下来的学习中就会有一个更为清晰的思路。

3.3 弧线

在 Canvas 中，如果我们想要画弧线，常用以下两种方法。

- arc()。
- arcTo()。

3.3.1 arc() 方法画弧线

在 Canvas 中，arc() 方法不仅可以用于画圆形，还可以用于绘制弧线。

语法

```
//状态描述
cxt.beginPath();
cxt.arc(x,y,半径,开始角度,结束角度, anticlockwise);
```

```
//描边
cxt.strokeStyle = "颜色值";
cxt.stroke();
```

▮ 说明

(x,y)表示圆心坐标，anticlockwise 取值表示"是否逆时针"。当 anticlockwise 取值为 true 时，表示按逆时针方向绘制；当 anticlockwise 取值为 false 时，表示按顺时针方向绘制。默认情况下，anticlockwise 取值为 false，如图 3-6 所示。

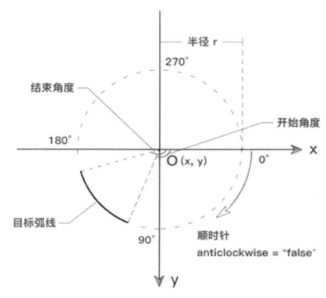

图 3-6　使用 arc() 方法画弧线分析

特别注意，使用 arc() 方法画弧线与画描边圆最大的不同在于：在使用 **arc() 方法画弧线时不使用 closePath() 方法来关闭路径**。这一点大家一定要注意，因为弧线不是一个闭合图形，而 closePath() 方法是用于绘制闭合图形的。

beginPath() 和 closePath() 这两个方法比较复杂，我们会在"第 10 章 Canvas 路径"详细介绍。

▮ 举例

```
<!DOCTYPE html>
<html>
<head>
    <meta charset="utf-8" />
    <title></title>
    <script>
        function $$(id) {
            return document.getElementById(id);
        }
        window.onload = function () {
            var cnv = $$("canvas");
            var cxt = cnv.getContext("2d");
```

```
                cxt.beginPath();
                cxt.arc(70, 70, 50, 0, -90 * Math.PI / 180, true);
                cxt.stroke();
            }
    </script>
</head>
<body>
    <canvas id="canvas" width="200" height="150" style="border:1px dashed gray;"></canvas>
</body>
</html>
```

预览效果如图 3-7 所示。

图 3-7　使用 arc() 方法画弧线

▌ 分析

当我们在 arc() 方法之后添加 cxt.closePath();，预览效果如图 3-8 所示。

图 3-8　添加 cxt.closePath(); 后的效果

从上面可以知道，如果想要使用 arc() 画圆形，我们需要使用 cxt.closePath(); 来关闭路径；如果想要使用 arc() 画弧线，我们不需要使用 cxt.closePath(); 来关闭路径。closePath() 方法的作用在于关闭路径，连接起点与终点。

▌ 举例

```
<!DOCTYPE html>
<html>
<head>
```

```
    <meta charset="utf-8" />
    <title></title>
    <script>
        function $$(id){
            return document.getElementById(id);
        }
        window.onload = function () {
            var cnv = $$("canvas");
            var cxt = cnv.getContext("2d");

            //绘制一条直线
            cxt.moveTo(20,20);
            cxt.lineTo(70,20);
            cxt.stroke();

            //绘制圆弧和直线
            cxt.beginPath();
            cxt.arc(70,70,50,0,-90*Math.PI/180,true);
            cxt.moveTo(120,70);
            cxt.lineTo(120,120);
            cxt.stroke();
        }
    </script>
</head>
<body>
    <canvas id="canvas" width="200" height="150" style="border:1px dashed gray;"></canvas>
</body>
</html>
```

预览效果和分析思路如图 3-9 所示。

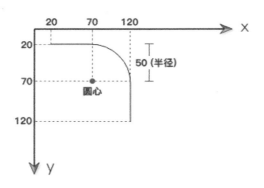

图 3-9   arc() 方法画弧线分析

▌ 分析

stroke() 和 fill() 这两个方法只能用于绘制当前路径，不能用于同时绘制几个路径。当我们把代码中的第 1 个 cxt.stroke(); 删除后，浏览器预览效果如图 3-10 所示。

图 3-10　删除第 1 个 cxt.stroke(); 后的效果

在 Canvas 中，"路径"这个概念非常重要，希望大家在学习"第 10 章 Canvas 路径"后来看看这个例子，就很容易理解了。

3.3.2　arcTo() 方法画弧线

在 Canvas 中，我们可以使用 arcTo() 方法来画一条弧线，如图 3-11 所示。

▶ 语法

```
cxt.arcTo(cx,cy,x2,y2,radius);
```

▶ 说明

(cx , cy) 表示控制点的坐标，(x2 , y2) 表示结束点的坐标，radius 表示圆弧的半径。

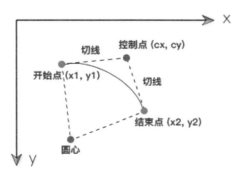

图 3-11　arcTo() 方法画弧线分析

想要画一条弧线，我们需要提供 3 个点坐标：开始点、控制点和结束点。其中，开始点一般由 moveTo() 或 lineTo() 提供，arcTo() 则提供了控制点和结束点。

arcTo() 方法就是利用开始点、控制点和结束点所形成的夹角，绘制一段与夹角的两边相切并且半径为 radius 的圆弧。其中，弧线的起点是"开始点所在边与圆的切点"，而弧线的终点是"结束点所在边与圆的切点"。

使用 arcTo() 方法绘制的弧线是两个切点之间长度最短的那个圆弧。此外，如果开始点不是弧线起点，arcTo() 方法还将添加一条当前端点到弧线起点的直线线段。也就是说，开始点坐标并不一定是弧线的起点坐标！

开始点、控制点与结束点的概念非常重要，在二次贝塞尔曲线以及三次贝塞尔曲线的学习中我们都会接触到，小伙伴们要多多联系对比一下。

举例

```
<!DOCTYPE html>
<html>
<head>
    <meta charset="utf-8" />
    <title></title>
    <script>
        function $$(id){
            return document.getElementById(id);
        }
        window.onload = function () {
            var cnv = $$("canvas");
            var cxt = cnv.getContext("2d");

            cxt.moveTo(20,20);
            cxt.lineTo(70,20);
            cxt.arcTo(120,20,120,70,50);
            cxt.lineTo(120,120);
            cxt.stroke();
        }
    </script>
</head>
<body>
    <canvas id="canvas" width="200" height="150" style="border:1px dashed gray;"></canvas>
</body>
</html>
```

预览效果和分析思路如图 3-12 所示。

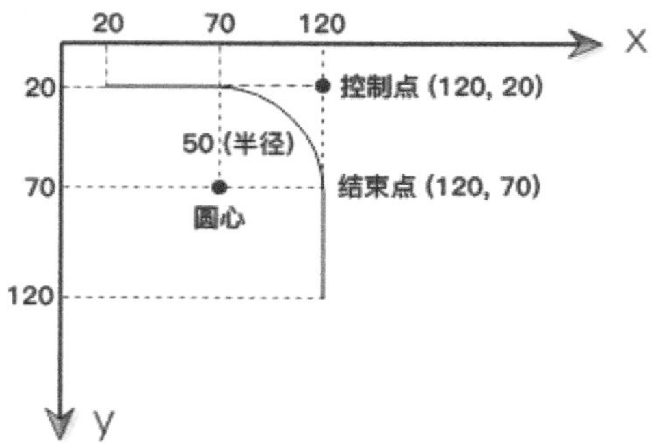

图 3-12 使用 arcTo() 方法画弧线（加入分析）

分析

在这个例子中，我们把 cxt.lineTo(70,20); 这句代码删除，此时浏览器预览效果如图 3-13 所示。

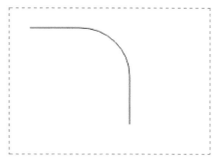

图 3-13　删除 cxt.lineTo(70,20); 后的效果

从中我们可以看出，当开始点不是弧线起点时，arcTo() 方法还将添加一条当前端点到弧线起点的直线线段。

▚ 举例：圆角矩形

```
<!DOCTYPE html>
<html>
<head>
    <meta charset="utf-8" />
    <title></title>
    <script>
        function $$(id){
            return document.getElementById(id);
        }
        window.onload = function () {
            var cnv = $$("canvas");
            var cxt = cnv.getContext("2d");

            cxt.moveTo(40,20);
            cxt.lineTo(160,20);
            cxt.arcTo(180,20,180,40,20);
            cxt.moveTo(180,40);
            cxt.lineTo(180,110);
            cxt.arcTo(180,130,160,130,20);
            cxt.moveTo(160,130);
            cxt.lineTo(40,130);
            cxt.arcTo(20,130,20,110,20);
            cxt.moveTo(20,110);
            cxt.lineTo(20,40);
            cxt.arcTo(20,20,40,20,20);
            cxt.stroke();
        }
    </script>
</head>
<body>
    <canvas id="canvas" width="200" height="150" style="border:1px dashed gray;"></canvas>
</body>
</html>
```

预览效果如图 3-14 所示。

图 3-14　圆角矩形

▊ 分析

在这个例子中，我们使用 arcTo() 方法画了一个圆角矩形。当然，对于圆角矩形，我们也可以使用 arc() 方法来实现。圆角矩形在实际开发中还是很常见的，我们不妨将其封装成一个函数。

假设圆角矩形的圆角半径为 r，宽 width，高 height，圆角矩形相对于坐标原点的位置为：（offsetX，offsetY），则从上边开始，起点位置为：（offsetX+r，offsetY）。

4 条边连线的终点位置分别为：（offsetX+width-r，offsetY）、（offsetX+width，offsetY+height-r）、（offsetX+r，offsetY+height）和（offsetX，offsetY+y）。

4 段圆弧的终点分别为：（offsetX+width，offsetY+r）、（offsetX+width-r，offsetY+height）、（offsetX，offsetY+height-r）和（offsetX+r，offsetY）。

▊ 举例：圆角矩形函数的封装

```html
<!DOCTYPE html>
<html>
<head>
    <meta charset="utf-8" />
    <title></title>
    <script>
        function $$(id) {
            return document.getElementById(id);
        }
        window.onload = function () {
            var cnv = $$("canvas");
            var cxt = cnv.getContext("2d");

            createRoundedRect(cxt, 100, 100, 20, 20, 20);
            cxt.fillStyle = "HotPink";
            cxt.fill();
        }
        /*
         * createRoundedRect()用于绘制圆角矩形
         * width、height：分别表示长和宽
         * r：表示圆角半径
         * offsetX、offsetY：分别表示左上角顶点的横、纵坐标
         */
        function createRoundedRect(cxt, width, height, r, offsetX, offsetY) {
            cxt.beginPath();
            cxt.moveTo(offsetX + r, offsetY);
```

```
                cxt.lineTo(offsetX + width - r, offsetY);
                cxt.arcTo(offsetX + width, offsetY, offsetY + width, offsetY + r, r);
                cxt.lineTo(offsetX + width, offsetY + height - r);
                cxt.arcTo(offsetX + width, offsetY + height, offsetX + width - r, offsetY + height, r);
                cxt.lineTo(offsetX + r, offsetY + height);
                cxt.arcTo(offsetX, offsetY + height, offsetX, offsetY + height - r, r);
                cxt.lineTo(offsetX, offsetY + r);
                cxt.arcTo(offsetX, offsetY, offsetX + r, offsetY, r);
                cxt.closePath();
            }
    </script>
</head>
<body>
    <canvas id="canvas" width="200" height="150" style="border:1px dashed gray;"></canvas>
</body>
</html>
```

预览效果如图 3-15 所示。

图 3-15　圆角矩形函数的封装

▌ 分析

对于圆角矩形的绘制函数，我们也可以封装整合到个人图形库，以便在实际开发中直接调用。

3.4　二次贝塞尔曲线

　　曲线与弧线是两个不同的概念，两者的区别我们在前面已经详细介绍过了。在 Canvas 中，对于画弧线，我们可以使用 arc() 方法或 arcTo() 方法来实现。但是如果是画曲线，我们一般都是使用贝塞尔曲线来实现。

　　贝塞尔曲线，是应用于二维图形应用程序的数学曲线。在本书中，我们不研究贝塞尔曲线的原理，主要介绍在 Canvas 中怎么绘制它。因为贝塞尔曲线属于大学数学或图形学中的内容，已经超出了本书的范围。事实上，贝塞尔曲线应用非常广泛，在任何一种绘图系统里都会涉及。因此，掌握贝塞尔曲线是非常有必要的。

　　在 Canvas 中，常见的贝塞尔曲线有两种：二次贝塞尔曲线和三次贝塞尔曲线。这一节我们先介绍二次贝塞尔曲线。

　　在 Canvas 中，我们可以使用 quadraticCurveTo() 方法来画二次贝塞尔曲线。

▰ **语法**

```
cxt.quadraticCurveTo(cx, cy, x2, y2);
```

▰ **说明**

(cx，cy) 表示控制点的坐标，($x2$，$y2$) 表示结束点的坐标。

绘制一条二次贝塞尔曲线，我们同样也需要 3 个点的坐标：开始点、控制点和结束点，如图 3-16 所示。其中，开始点一般由 moveTo() 或 lineTo() 提供，而控制点和结束点由 quadraticCurveTo() 提供。

另外，建议大家一定要下载本书的源代码文件，不然很难理解二次贝塞尔曲线的。在源代码文件里面有几个动态图，可以很直观地看出二次贝塞尔曲线是怎么画的。

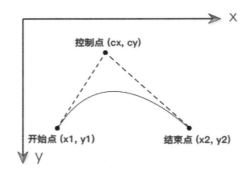

图 3-16　quadraticCurveTo() 方法分析

▰ **举例：二次贝塞尔曲线**

```html
<!DOCTYPE html>
<html>
<head>
    <meta charset="utf-8" />
    <title></title>
    <script>
        function $$(id) {
            return document.getElementById(id);
        }
        window.onload = function () {
            var cnv = $$("canvas");
            var cxt = cnv.getContext("2d");

            cxt.moveTo(30, 120);
            cxt.quadraticCurveTo(100, 20, 160, 120);
            cxt.stroke();
        }
    </script>
</head>
<body>
    <canvas id="canvas" width="200" height="150" style="border:1px dashed gray;"></canvas>
</body>
</html>
```

预览效果如图 3-17 所示。

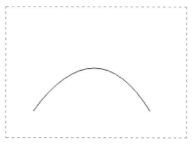

图 3-17　二次贝塞尔曲线

▊ 分析

　　绘制二次贝塞尔曲线需要 3 个点：开始点、控制点和结束点。需要注意的是，quadratic CurveTo() 只为我们提供控制点和结束点，对于开始点，我们需要 moveTo() 或者 lineTo() 来提供。上面这个例子分析如图 3-18 所示。

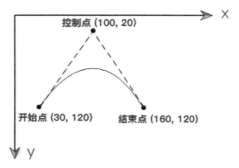

图 3-18　二次贝塞尔曲线分析

▊ 举例：使用二次贝塞尔曲线画气泡

```
<!DOCTYPE html>
<html>
<head>
    <meta charset="utf-8" />
    <title></title>
    <script>
        function $$(id) {
            return document.getElementById(id);
        }
        window.onload = function () {
            var cnv = $$("canvas");
            var cxt = cnv.getContext("2d");

            cxt.moveTo(75, 25);
            cxt.quadraticCurveTo(25, 25, 25, 62);
            cxt.quadraticCurveTo(25, 100, 50, 100);
            cxt.quadraticCurveTo(50, 120, 30, 125);
            cxt.quadraticCurveTo(60, 120, 65, 100);
            cxt.quadraticCurveTo(125, 100, 125, 62);
```

```
                cxt.quadraticCurveTo(125, 25, 75, 25);
                cxt.stroke();
            }
    </script>
</head>
<body>
    <canvas id="canvas" width="200" height="150" style="border:1px dashed gray;"></canvas>
</body>
</html>
```

预览效果如图 3-19 所示。

图 3-19　使用二次贝塞尔曲线画气泡

▌ 分析

这里我们画了一个气泡，这个气泡是由多个二次贝塞尔曲线连接而成的。

3.5　三次贝塞尔曲线

在 Canvas 中，我们可以使用 bezierCurveTo() 方法来绘制三次贝塞尔曲线，如图 3-20 所示。

▌ 语法

```
cxt.bezierCurveTo(cx1 , cy1, cx2, cy2, x, y);
```

▌ 说明

(cx1 , cy1) 表示控制点 1 的坐标，(cx2 , cy2) 表示控制点 2 的坐标，(x ,y) 表示结束点的坐标。

绘制一条三次贝塞尔曲线，我们需要 4 个点：开始点、控制点 1、控制点 2 和结束点。其中，开始点一般由 moveTo() 或 lineTo() 提供，bezierCurveTo() 提供控制点 1、控制点 2 和结束点。

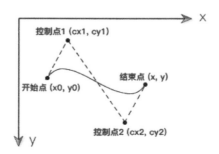

图 3-20　bezierCurveTo() 方法分析

三次贝塞尔曲线与二次贝塞尔曲线的唯一区别在于：**三次贝塞尔曲线有两个控制点，而二次贝塞尔曲线只有一个控制点**。

▉ 举例：三次贝塞尔曲线

```html
<!DOCTYPE html>
<html>
<head>
    <meta charset="utf-8" />
    <title></title>
    <script>
        function $$(id) {
            return document.getElementById(id);
        }
        window.onload = function () {
            var cnv = $$("canvas");
            var cxt = cnv.getContext("2d");

            //绘制三次贝塞尔曲线
            cxt.moveTo(20, 80);
            var cx1 = 20;
            var cy1 = 20;
            var cx2 = 120;
            var cy2 = 120;
            var endX = 120;
            var endY = 60;
            cxt.bezierCurveTo(cx1, cy1, cx2, cy2, endX, endY);
            cxt.stroke();
        }
    </script>
</head>
<body>
    <canvas id="canvas" width="200" height="150" style="border:1px dashed gray;"></canvas>
</body>
</html>
```

预览效果如图 3-21 所示。

图 3-21　三次贝塞尔曲线

▉ 分析

绘制三次贝塞尔曲线需要 4 个点，moveTo() 或 lineTo() 提供开始点，bezierCurveTo() 提供

2 个控制点和 1 个结束点。

从这个例子可以看出：使用三次贝塞尔曲线可以画出波浪线，但是使用二次贝塞尔曲线却没办法做到。

▌ 举例：使用三次贝塞尔曲线画心形

```
<!DOCTYPE html>
<html>
<head>
    <meta charset="utf-8" />
    <title></title>
    <script>
        function $$(id) {
            return document.getElementById(id);
        }
        window.onload = function () {
            var cnv = $$("canvas");
            var cxt = cnv.getContext("2d");

            cxt.moveTo(75, 40);
            cxt.bezierCurveTo(75, 37, 70, 25, 50, 25);
            cxt.bezierCurveTo(20, 25, 20, 62.5, 20, 62.5);
            cxt.bezierCurveTo(20, 80, 40, 102, 75, 120);
            cxt.bezierCurveTo(110, 102, 130, 80, 130, 62.5);
            cxt.bezierCurveTo(130, 62.5, 130, 25, 100, 25);
            cxt.bezierCurveTo(85, 25, 75, 37, 75, 40);
            cxt.stroke();
        }
    </script>
</head>
<body>
    <canvas id="canvas" width="200" height="150" style="border:1px dashed gray;"></canvas>
</body>
</html>
```

预览效果如图 3-22 所示。

图 3-22　使用三次贝塞尔曲线画心形

▌ 举例：使用三次贝塞尔曲线画"N 叶草"

```
<!DOCTYPE html>
<html>
```

```html
<head>
    <meta charset="utf-8" />
    <title></title>
    <script>
        function $$(id) {
            return document.getElementById(id);
        }
        window.onload = function () {
            var cnv = $$("canvas");
            var cxt = cnv.getContext("2d");

            createLeaf(cxt, 4, cnv.width/2, cnv.height/2, 20, 80);
            //定义填充颜色为浅绿色
            cxt.fillStyle = "#00FF99";
            cxt.fill();
        }
        /*
         * createLeaf()用于绘制N叶草
         * n：n片
         * dx、dy：花朵中心位置的坐标
         * size：控制花朵的大小
         * length：控制花瓣的长度
         */
        function createLeaf(cxt, n, dx, dy, size, length) {
            cxt.beginPath();
            cxt.moveTo(dx, dy + size);
            var degree = 2 * Math.PI / n;
            for (var i = 1; i < n + 1; i++) {
                //计算控制点的坐标
                var cx1 = Math.sin((i - 1) * degree) * length + dx;
                var cy1 = Math.cos((i - 1) * degree) * length + dy;
                var cx2 = Math.sin(i * degree) * length + dx;
                var cy2 = Math.cos(i * degree) * length + dy;
                //计算结束点的坐标
                var x = Math.sin(i * degree) * size + dx;
                var y = Math.cos(i * degree) * size + dy;
                cxt.bezierCurveTo(cx1, cy1, cx2, cy2, x, y);
            }
            cxt.closePath();
        }
    </script>
</head>
<body>
    <canvas id="canvas" width="200" height="150" style="border:1px dashed gray;"></canvas>
</body>
</html>
```

预览效果如图 3-23 所示。

图 3-23　使用三次贝塞尔曲线画"N 叶草"

▎分析

这里，我们在一条路径中连续定义首尾相连的多段贝塞尔曲线，其中每段三次贝塞尔曲线的起点和终点都落在圆心为（dx，dy）、半径为 size 的圆弧上，而每段圆弧的两个控制点都落在圆心为（dx，dy）、半径为 length 的圆弧上，于是形成了 N 叶草的图形。起点、终点和控制点坐标是使用正弦和余弦函数计算出来的。

总体来说，使用二次或三次贝塞尔曲线来绘制一个图形是相当有挑战的，因为这不像在矢量绘图软件 Adobe Illustrator（简称 AI）里有即时的视觉反馈（所见即所得）。所以在 Canvas 中用贝塞尔曲线绘制复杂图形比较麻烦。但是从理论上来说，任何复杂的图形都可以用贝塞尔曲线绘制出来，这也是贝塞尔曲线的强大之处。

3.6　实战题：绘制扇形

对于扇形的绘制，我们在实际开发中经常会见到，例如各种图表中的饼状图（见图 3-24）。Canvas 并没有为我们提供专门绘制扇形的 API，因此我们需要自己封装一个绘制扇形的函数。

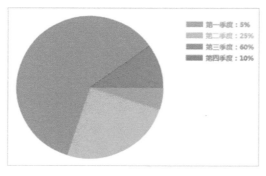

图 3-24　饼状图

单纯地使用 arc() 或 arcTo() 是无法绘制扇形的，但是我们可以配合使用 beginPath()、closePath()、moveTo() 和 arc() 来实现。

实现代码如下。

```
<!DOCTYPE html>
<html>
<head>
```

```
    <meta charset="utf-8" />
    <title></title>
    <script>
        function $$(id) {
            return document.getElementById(id);
        }
        window.onload = function () {
            var cnv = $$("canvas");
            var cxt = cnv.getContext("2d");

            cxt.beginPath();
            cxt.moveTo(100, 75);
            cxt.arc(cnv.width / 2, cnv.height / 2, 50, 30 * Math.PI / 180, 120 * Math.
PI / 180, false);
            cxt.closePath();
            cxt.strokeStyle = "HotPink";
            cxt.stroke();
        }
    </script>
</head>
<body>
    <canvas id="canvas" width="200" height="150" style="border:1px dashed gray;"></canvas>
</body>
</html>
```

预览效果和分析思路如图 3-25 所示。

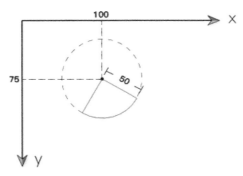

图 3-25 绘制扇形（加入分析）

▼ 分析

beginPath() 用于开始新的路径，closePath() 用于关闭路径。对于 beginPath() 和 closePath()，建议大家先去看看"第 10 章 Canvas 路径"，然后再来回顾一下这个例子。之所以没有在前面的章节介绍，是因为这两个方法比较复杂，我们需要用单独的一章介绍，以便大家形成清晰的学习思路。

当然，我们也可以把扇形的绘制封装成一个函数，以便在实际开发中直接调用。对于扇形的绘制，我们需要传入以下参数：上下文环境对象 cxt、中心坐标（x，y）、半径、开始角度 angle1 和结束角度 angle2。

```html
<!DOCTYPE html>
<html>
<head>
    <meta charset="utf-8" />
    <title></title>
    <script>
        function $$(id) {
            return document.getElementById(id);
        }
        window.onload = function () {
            var cnv = $$("canvas");
            var cxt = cnv.getContext("2d");

            createSector(cxt, cnv.width / 2, cnv.height / 2, 50, 30, 120);
            cxt.fillStyle = "HotPink";
            cxt.fill();
        }
        function createSector(cxt, x, y, r, angle1, angle2) {
            cxt.beginPath();
            cxt.moveTo(x, y);
            cxt.arc(x, y, r, angle1 * Math.PI / 180, angle2 * Math.PI / 180, false);
            cxt.closePath();
        }
    </script>
</head>
<body>
    <canvas id="canvas" width="200" height="150" style="border:1px dashed gray;"></canvas>
</body>
</html>
```

预览效果如图 3-26 所示。

图 3-26　绘制扇形（使用封装函数）

▼ 分析

　　这里要特别注意一点，我们必须把上下文对象 cxt 作为参数传入函数 createSector()，然后才能在 createSector() 函数中调用 cxt 对象的各种属性和方法。当然，如果我们在 window.onload=function(){} 内部定义了 createSector() 函数，这样就不用传入上下文对象 cxt 了。

第 4 章

线条操作

4.1　线条操作简介

前面我们学习了如何绘制 Canvas 基本图形（包括直线图形以及曲线图形）。这一章我们主要来学习如何为这些基本图形定义线条样式。

在 Canvas 中，常见的线条操作属性和方法如表 4-1、表 4-2 所示。

表 4-1　线条操作属性

属性	说明
lineWidth	定义线条宽度
lineCap	定义线帽样式
lineJoin	定义两个线条交接处样式

表 4-2　线条操作方法

方法	说明
setLineDash()	定义线条的虚实样式

在接下来这几节中，我们会详细地给大家介绍这些线条操作的属性和方法。

4.2　lineWidth 属性

在 Canvas 中，我们可以使用 lineWidth 属性来定义线条的宽度。

▍ 语法

```
context.lineWidth = 整数;
```

▍ 说明

lineWidth 属性取值为整数，默认值为 1，默认单位为 px。

▶ 举例

```html
<!DOCTYPE html>
<html>
<head>
    <meta charset="utf-8" />
    <title></title>
    <script>
        function $$(id) {
            return document.getElementById(id);
        }
        window.onload = function () {
            var cnv = $$("canvas");
            var cxt = cnv.getContext("2d");

            //lineWidth值为5
            cxt.lineWidth = 5;
            cxt.moveTo(20, 20);
            cxt.lineTo(180, 20);
            cxt.stroke();

            //lineWidth值为10
            cxt.beginPath();
            cxt.lineWidth = 10;
            cxt.moveTo(20, 70);
            cxt.lineTo(180, 70);
            cxt.stroke();

            //lineWidth值为15
            cxt.beginPath();
            cxt.lineWidth = 15;
            cxt.moveTo(20, 120);
            cxt.lineTo(180, 120);
            cxt.stroke();
        }.
    </script>
</head>
<body>
    <canvas id="canvas" width="200" height="150" style="border:1px dashed gray"></canvas>
</body>
</html>
```

预览效果如图 4-1 所示。

图 4-1　lineWidth 属性效果

▌ 分析

Canvas 是基于" 状态"来绘制图形的，每一次绘制，即使用 stroke() 或 fill()，Canvas 会检测整个代码定义的所有状态（一般指样式定义）。在同一个路径中，状态会被一直使用。不过我们可以使用beginPath()方法来开始一个新的路径。对于路径以及 beginPath()方法，我们会在后面"第 10 章 Canvas 路径"详细介绍。

这个例子要注意一下，我们必须使用 beginPath() 方法来开始一个新的路径，才可以定义一个新的 lineWidth 属性。当我们把所有的 cxt.beginPath(); 删除后，浏览器预览效果如图 4-2 所示。

图 4-2　删除所有 cxt.beginPath(); 的效果

▌ 举例

```html
<!DOCTYPE html>
<html>
<head>
    <meta charset="utf-8" />
    <title></title>
    <script>
        function $$(id) {
            return document.getElementById(id);
        }
        window.onload = function () {
            var cnv = $$("canvas");
            var cxt = cnv.getContext("2d");

            cxt.lineWidth = 5;
            cxt.arc(70, 70, 50, 0, -90 * Math.PI / 180, false);
            cxt.stroke();
        }
    </script>
</head>
<body>
    <canvas id="canvas" width="200" height="150" style="border:1px dashed gray;"></canvas>
</body>
</html>
```

预览效果如图 4-3 所示。

图 4-3　lineWidth 属性用于曲线图形

▌ 分析

lineWidth 属性不仅可以用于直线图形，也可以用于曲线图形。

此外需要注意的是，假设线条宽度为 lineWidth，则使用 strokeRect() 方法绘制的矩形实际宽度为"width+lineWidth"，实际高度为"height+lineWidth"。而使用 arc() 方法绘制的圆形的实际半径为"radius+lineWidth"。

4.3　lineCap 属性

在 Canvas 中，我们可以使用 lineCap 属性来定义线条开始处和结尾处的线帽样式。

▌ 语法

```
context.lineCap="属性值";
```

▌ 说明

lineCap 属性取值只有 3 个，如表 4-3 所示。

表 4-3　lineCap 属性取值

属性值	说明
Butt	默认值，无线帽
Round	圆形线帽
Square	正方形线帽

注意，round 值和 square 值会使线条稍微变长一点，这是因为它们给线条增加了线帽部分。

▌ 举例

```
<!DOCTYPE html>
<html>
<head>
    <meta charset="utf-8" />
    <title></title>
    <script>
        function $$(id) {
            return document.getElementById(id);
```

```
            }
        window.onload = function () {
            var cnv = $$("canvas");
            var cxt = cnv.getContext("2d");

            cxt.lineWidth = 16;

            //lineCap值为默认值（butt）
            cxt.moveTo(20, 20);
            cxt.lineTo(180, 20);
            cxt.stroke();

            //lineCap值改为round
            cxt.beginPath();
            cxt.lineCap = "round";
            cxt.moveTo(20, 70);
            cxt.lineTo(180, 70);
            cxt.stroke();

            //lineCap值改为square
            cxt.beginPath();
            cxt.lineCap = "square";
            cxt.moveTo(20, 120);
            cxt.lineTo(180, 120);
            cxt.stroke();
        }
    </script>
</head>
<body>
    <canvas id="canvas" width="200" height="150" style="border:1px dashed gray"></canvas>
</body>
</html>
```

预览效果如图 4-4 所示。

图 4-4　lineCap 属性效果

▌ 分析

我们必须使用 beginPath() 方法来开始新的路径，才可以定义一个新的 lineCap 属性。此外，还需要注意，round 值和 square 值会使线条稍微变长一点，这是因为它们给线条增加了线帽部分。

那线条具体变长多少呢？我们看看图 4-5。

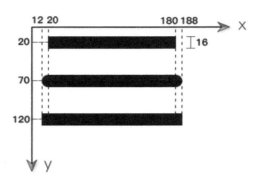

图 4-5　lineCap 属性分析

从图 4-5 中我们可以看出，多出来的一部分圆的半径是线宽的一半，多出来的一部分长方形的长度为线宽的一半、高度保持为线宽。由此我们可以总结一下 butt、round、square 三者的区别。

- **取值为 butt：** 每条线的开始处和结尾处都是长方形，也就是不做任何的处理。
- **取值为 round：** 每条线的开始处和结尾处都增加一个半圆，半圆的直径为线宽。
- **取值为 square：** 每条线的开始处和结尾处都增加一个长方形，长方形的长度为线宽的一半，高度保持为线宽。

▌ 举例

```
<!DOCTYPE html>
<html>
<head>
    <meta charset="utf-8" />
    <title></title>
    <script>
        function $$(id) {
            return document.getElementById(id);
        }
        window.onload = function () {
            var cnv = $$("canvas");
            var cxt = cnv.getContext("2d");

            cxt.moveTo(50, 50);
            cxt.lineTo(100, 50);
            cxt.lineTo(50, 100);
            cxt.lineTo(100, 100);
            cxt.lineWidth = 12;
            cxt.lineCap = "round";
            cxt.stroke();
        }
    </script>
</head>
<body>
```

```
    <canvas id="canvas" width="200" height="150" style="border:1px dashed gray;"></canvas>
</body>
</html>
```

预览效果如图 4-6 所示。

图 4-6　lineCap 属性实例

▮ 分析

从这个例子我们可以看出，lineCap 属性只对线条的开始处和结尾处起作用，而线条与线条交接的地方依然是"尖角"。假如我们想要定义线条与线条交接地方的样式，该怎么办呢？这就得使用下一节介绍的 lineJoin 属性了。

4.4　lineJoin 属性

在 Canvas 中，我们可以使用 lineJoin 属性定义两个线条交接处的样式。

▮ 语法

```
cxt.lineJoin = "属性值";
```

▮ 说明

lineJoin 属性取值如图 4-4 所示。

表 4-4　lineJoin 属性取值

属性值	说明
miter	默认值，尖角
round	圆角
bevel	斜角

当 lineJoin 属性取值为 miter（默认值）时，会受到 miterLimit 属性的影响。miterLimit 属性在 Canvas 开发中几乎用不到，这里我们只需要简单了解一下就行，不需要深入了解。

从图 4-7 中，我们可以总结出 miter、round、bevel 三者的区别。

- ▶ miter：线条在交接处延伸直至交于一点，为默认值。
- ▶ round：交接处是一个圆角，圆角所在圆的直径等于线宽。
- ▶ bevel：交接处是一个斜角，斜角所在正方形的对角线长等于线宽。

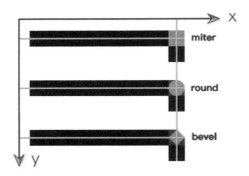

图 4-7　lineJoin 属性分析

▌ 举例

```
<!DOCTYPE html>
<html>
<head>
    <meta charset="utf-8" />
    <title></title>
    <script>
        function $$(id) {
            return document.getElementById(id);
        }
        window.onload = function () {
            var cnv = $$("canvas");
            var cxt = cnv.getContext("2d");

            cxt.moveTo(50, 50);
            cxt.lineTo(100, 50);
            cxt.lineTo(50, 100);
            cxt.lineTo(100, 100);
            cxt.lineWidth = 12;
            cxt.lineJoin = "miter";
            cxt.stroke();
        }
    </script>
</head>
<body>
    <canvas id="canvas" width="200" height="150" style="border:1px dashed gray;"></canvas>
</body>
</html>
```

预览效果如图 4-8 所示。

图 4-8　lineJoin 属性效果（取值为默认值）

分析

当 lineJoin 属性取值为 round 时，预览效果如图 4-9 所示。

图 4-9 lineJoin 属性效果（取值为 round）

当 lineJoin 属性取值为 bevel 时，预览效果如图 4-10 所示。

图 4-10 lineJoin 属性效果（取值为 bevel）

在 Canvas 中，lineCap 属性用于定义线条开始处和结尾处的样式，而 lineJoin 属性用于定义线条交接处的样式。

Cap 的本意是“帽子”，Join 的本意是“关节”。新手很容易将 lineCap 和 lineJoin 搞混，其实大家根据本意来理解，就很容易区分了。给小伙伴们一个建议：在学习 Web 技术的各种属性或方法时，建议从它们的本意角度来思考，这样很多东西立马就能理解了。

4.5 setLineDash() 方法

在 Canvas 中，我们可以使用 setLineDash() 方法来定义线条的虚实样式。

语法

```
cxt.setLineDash(array);
```

说明

参数 array 是一个数组组合，常见的数组组合如图 4-11 所示。

数组组合	线型
[10, 5]	– – – – – – – –
[5, 5]	- - - - - - - - - -
[10, 5, 5, 5]	– - – - – - – -
[2, 2]	....

图 4-11　常见的数组组合

数组 [10,5] 表示的是"10px 实线、5px 空白"重复拼凑组合而成的线型。同理，数组 [10,5,5,5] 表示的是"10px 实线、5px 空白、5px 实线、5px 空白"重复拼凑组合而成的线型，以此类推。

需要注意的是，Chrome、Firefox 浏览器均支持 setLineDash() 方法，但 IE 却不支持。

▌ 举例

```html
<!DOCTYPE html>
<html>
<head>
    <meta charset="utf-8" />
    <title></title>
    <script>
        function $$(id) {
            return document.getElementById(id);
        }
        window.onload = function () {
            var cnv = $$("canvas");
            var cxt = cnv.getContext("2d");

            cxt.strokeStyle = "red";
            cxt.setLineDash([10,5]);
            cxt.strokeRect(50, 50, 80, 80);
        }
    </script>
</head>
<body>
    <canvas id="canvas" width="200" height="150" style="border:1px dashed gray;"></canvas>
</body>
</html>
```

预览效果如图 4-12 所示。

图 4-12　setLineDash() 方法效果

第 5 章

文本操作

5.1　文本操作简介

对于文本操作，Canvas 为我们提供了不少方法和属性，如表 5-1、表 5-2 所示。

表 5-1　文本操作方法

方法	说明
fillText()	绘制填充文本
strokeText()	绘制描边文本
measureText()	用于获取文本的长度

表 5-2　文本操作属性

属性	说明
font	定义文本字体样式（大小、粗细等）
textAlign	定义文本水平对齐方式
textBaseline	定义文本垂直对齐方式
fillStyle	定义画笔填充路径的颜色
strokeStyle	定义画笔描边路径的颜色

对于文本操作的方法和属性，我们需要注意以下 3 点。

▶ fillStyle 属性都是与 fillText() 方法配合使用的，用于绘制填充文本。

▶ strokeStyle 属性都是与 strokeText() 方法配合使用的，用于绘制描边文本。

▶ 真正可以在 Canvas 中绘制文本的只有 fillText() 和 strokeText() 这两个方法，measure Text() 方法不能用于绘制文本，它只能用于获取文本的宽度。

5.2　文本操作方法

Canvas 为我们提供了 3 种文本操作方法：strokeText()、fillText() 和 measureText()。

5.2.1　strokeText() 方法

在 Canvas 中，我们可以使用 strokeText() 方法来绘制"描边文本"。"描边文本"指的是空心的文本。

▌ 语法

```
strokeText(text, x, y, maxWidth)
```

▌ 说明

参数 text 是一个字符串文本。

参数 x 表示文本的横坐标，也就是文本最左边的坐标。

参数 y 表示文本的纵坐标，也就是文本最下边的坐标（注意是最下边，而不是最上边）。

参数 maxWidth 为可选参数，表示允许的最大文本的宽度（单位为 px）。如果文本宽度超出 maxWidth 值，文本会被压缩至 maxWidth 值的宽度。

▌ 举例

```html
<!DOCTYPE html>
<html>
<head>
    <meta charset="utf-8" />
    <title></title>
    <script>
        function $$(id) {
            return document.getElementById(id);
        }
        window.onload = function () {
            var cnv = $$("canvas");
            var cxt = cnv.getContext("2d");

            var text = "绿叶学习网";
            cxt.font = "bold 30px 微软雅黑";
            cxt.strokeStyle = "purple";
            cxt.strokeText(text, 30, 60);
        }
    </script>
</head>
<body>
    <canvas id="canvas" width="200" height="150" style="border:1px dashed gray"></canvas>
</body>
</html>
```

预览效果和分析思路如图 5-1 所示。

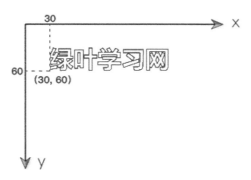

图 5-1　使用 strokeText() 方法的效果（加入分析）

▶ 分析

font 属性用于定义文本的字体样式，cxt.font = "bold 30px 微软雅黑 "; 表示定义字体粗细为 bold、字体大小为 30px、字体类型为微软雅黑。在下一节，我们再给大家详细介绍 font 属性的用法，这里简单认识一下。

当我们把 cxt.strokeText(text,30,60); 改为 cxt.strokeText(text,30,60,100); 时，也就是为 strokeText() 方法添加 maxWidth 参数后，预览效果如图 5-2 所示，此时文本已经被压缩了。

图 5-2　为 strokeText() 方法加入 maxWidth 参数的效果

5.2.2　fillText() 方法

在 Canvas 中，我们可以使用 fillText() 方法来绘制 "填充文本"。"填充文本" 指的是实心的文本。

▶ 语法

```
fillText(text, x, y, maxWidth)
```

▶ 说明

参数 text 是一个字符串文本。

参数 x 表示文本的横坐标，也就是文本最左边的坐标。

参数 y 表示文本的纵坐标，也就是文本最下边的坐标（注意是最下边，而不是最上边）。

参数 maxWidth 为可选参数，表示允许的最大文本的宽度（单位为 px）。如果文本宽度超出 maxWidth 值，文本会被压缩至 maxWidth 值的宽度。

▎ 举例

```html
<!DOCTYPE html>
<html>
<head>
    <meta charset="utf-8" />
    <title></title>
    <script>
        function $$(id) {
            return document.getElementById(id);
        }
        window.onload = function () {
            var cnv = $$("canvas");
            var cxt = cnv.getContext("2d");

            var text = "绿叶学习网";
            cxt.font = "bold 30px 微软雅黑";
            cxt.fillStyle = "purple";
            cxt.fillText(text,30,60);
        }
    </script>
</head>
<body>
    <canvas id="canvas" width="200" height="150" style="border:1px dashed gray"></canvas>
</body>
</html>
```

预览效果和分析思路如图 5-3 所示。

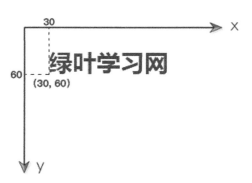

图 5-3　使用 fillText() 方法的效果（加入分析）

▎ 分析

当我们把 cxt.fillText(text,30,60); 改为 cxt.fillText(text,30,60,100); 时，也就是为 fillText() 方法添加 maxWidth 参数后，预览效果如图 5-4 所示，此时文本已经被压缩了。

无论是使用 strokeText() 方法，还是使用 fillText() 方法，都有 maxWidth 这个可选参数。这个参数专门用来控制文本的最大宽度，以防止文本超出某个范围。

图 5-4　为 fillText() 方法加入 maxWidth 参数的效果

5.2.3　measureText() 方法

在 Canvas 中，我们使用 measureText() 方法来返回一个对象，并且可以利用这个对象的 width 属性来获取某个文本的长度。

▼ 语法

```
var length = cxt.measureText(text).width;
```

▼ 说明

参数 text 表示一个字符串文本，measureText().width 表示返回文本的长度，单位为 px。

注意，measureText() 方法返回的是一个对象，这个对象只有一个 width 属性。width 属性可以用于获取某个文本的长度，这个属性对于实现水平居中的文本效果是非常有用的。

▼ 举例

```
<!DOCTYPE html>
<html>
<head>
    <meta charset="utf-8" />
    <title></title>
    <script>
        function $$(id) {
            return document.getElementById(id);
        }
        window.onload = function () {
            var cnv = $$("canvas");
            var cxt = cnv.getContext("2d");

            var text = "绿叶学习网";
            cxt.font = "bold 30px 微软雅黑";
            cxt.strokeStyle = "red";
            cxt.strokeText(text, 30, 60);

            var length = cxt.measureText(text).width;
            alert("文本长度为" + length + "px");
        }
```

```
        </script>
    </head>
<body>
        <canvas id="canvas" width="200" height="150" style="border:1px dashed gray"></canvas>
</body>
</html>
```

预览效果如图 5-5 所示。

图 5-5　measureText() 获取文本长度

▼ 举例

```
<!DOCTYPE html>
<html>
<head>
    <meta charset="utf-8" />
    <title></title>
    <script>
        function $$(id){
            return document.getElementById(id);
        }
        window.onload = function () {
            var cnv = $$("canvas");
            var cxt = cnv.getContext("2d");

            var text = "绿叶学习网";
            cxt.font = "20px bold";
            var textWidth = cxt.measureText(text).width;
            var canvasWidth = cnv.width;
            var xPosition = canvasWidth / 2 - textWidth / 2;

            cxt.fillStyle = "purple";
            cxt.fillText(text, xPosition, 50);
        }
    </script>
</head>
<body>
        <canvas id="canvas" width="200" height="150" style="border:1px dashed gray;"></canvas>
</body>
</html>
```

预览效果如图 5-6 所示。

图 5-6　文本水平居中

▼ 分析

在 Canvas 中，如果我们想要实现文本水平居中，都是使用上面这种方法。这个方法经常被使用，大家要认真理解一下。

5.3　文本操作属性

Canvas 为我们提供了 3 个文本操作属性：font、textAlign 和 textBaseline。

5.3.1　font 属性

在 Canvas 中，我们可以使用 font 属性来定义文本的字体样式。context.font 的用法与 CSS 中的 font 属性的用法是一样的。

▼ 语法

```
context.font = "font-style font-weight font-size/line-height font-family";
```

▼ 说明

context.font 的默认值为 10px sans-serif。定义 context.font 属性之后，后面的文本都会应用这些 font 属性，直到 context.font 被重新定义为其他属性值为止。

▼ 举例

```
<!DOCTYPE html>
<html>
<head>
    <meta charset="utf-8" />
    <title></title>
    <script>
        function $$(id) {
            return document.getElementById(id);
        }
        window.onload = function () {
            var cnv = $$("canvas");
            var cxt = cnv.getContext("2d");
```

```
              var text = "helicopter";
              cxt.font = "bold 30px 微软雅黑";
              cxt.fillStyle = "purple";
              cxt.fillText(text,30,60);
          }
      </script>
  </head>
  <body>
      <canvas id="canvas" width="200" height="150" style="border:1px dashed gray"></canvas>
  </body>
</html>
```

预览效果如图 5-7 所示。

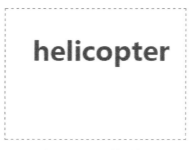

图 5-7　font 属性的效果

▌ 分析

cxt.font = "bold 30px 微软雅黑 "; 这句代码表示定义字体粗细为 bold、字体大小为 30px、字体类型为微软雅黑。

5.3.2　textAlign 属性

在 Canvas 中，我们可以使用 textAlign 属性来定义文本水平方向的对齐方式。

▌ 语法

```
cxt.textAlign = "属性值";
```

▌ 分析

textAlign 属性取值如表 5-3 所示。

表 5-3　textAlign 属性取值

属性值	说明
start	文本在指定的横坐标开始
end	文本在指定的横坐标结束
left	文本左对齐（类似于 start）
right	文本右对齐（类似于 end）
center	文本的中心在指定的横坐标

注意，start 和 left 的效果是完全相同的，而 end 和 right 的效果也是完全相同的（参考下面例子）。那么为什么 W3C 要定义那么多相同效果的属性呢？实际上，"start、end"和"left、right"这两对是有区别的。

start 和 end 与文字的阅读方向有关；如果是从左到右阅读，此时 start 对应着左边、end 对应着右边；如果是从右到左阅读，那么此时 start 对应着右边、end 对应着左边。left 和 right 始终是指文字的左右方向，与阅读方向无关。

当然，这些我们只需要简单了解一下即可，因为 textAlign 属性在实际开发中用得并不多。

▌ 举例

```html
<!DOCTYPE html>
<html>
<head>
    <meta charset="utf-8" />
    <title></title>
    <script>
        function $$(id) {
            return document.getElementById(id);
        }
        window.onload = function () {
            var cnv = $$("canvas");
            var cxt = cnv.getContext("2d");

            //在横坐标150处绘制一条竖线
            cxt.strokeStyle = "purple";
            cxt.moveTo(150, 0);
            cxt.lineTo(150, 200);
            cxt.stroke();

            cxt.font = "15px Arial";

            cxt.textAlign = "start";
            cxt.fillText("textAlign取值为start", 150, 30);
            cxt.textAlign = "left";
            cxt.fillText("textAlign取值为left", 150, 60);
            cxt.textAlign = "end";
            cxt.fillText("textAlign取值为end", 150, 90);
            cxt.textAlign = "right";
            cxt.fillText("textAlign取值为right", 150, 120);
            cxt.textAlign = "center";
            cxt.fillText("textAlign取值为center", 150, 150);
        }
    </script>
</head>
<body>
    <canvas id="canvas" width="300" height="200" style="border:1px dashed gray;"></canvas>
</body>
</html>
```

预览效果如图 5-8 所示。

图 5-8　textAlign 属性的效果

▌ 分析

大家可以通过这个例子来直观地认识这几个属性值的不同之处。

5.3.3　textBaseline 属性

在 Canvas 中，我们可以使用 textBaseline 属性来定义文本垂直方向的对齐方式。

▌ 语法

```
cxt.textBaseline = "属性值";
```

▌ 分析

textBaseline 属性常见取值如表 5-4 所示。

表 5-4　textBaseline 属性常见取值

属性值	说明
alphabetic	文本基线是普通英文字母的基线
top	文本基线是 em 方框的顶端
middle	文本基线是 em 方框的中心
bottom	文本基线是 em 方框的底端

除了以上属性值，textBaseline 属性还有 hanging、ideographic 等属性值，不过这些属性值也比较少用，我们不需要过多了解。

▌ 举例

```
<!DOCTYPE html>
<html>
<head>
    <meta charset="utf-8" />
    <title></title>
    <script>
        function $$(id) {
            return document.getElementById(id);
        }
        window.onload = function () {
```

```
        var cnv = $$("canvas");
        var cxt = cnv.getContext("2d");

        //在纵坐标100处绘制一条横线
        cxt.strokeStyle = "purple";
        cxt.moveTo(0, 100);
        cxt.lineTo(300, 100);
        cxt.stroke();

        cxt.font = "20px Arial";
        cxt.textBaseline = "alphabetic";
        cxt.fillText("alphabetic", 10, 100);
        cxt.textBaseline = "top";
        cxt.fillText("top", 110, 100);
        cxt.textBaseline = "middle";
        cxt.fillText("middle", 160, 100);
        cxt.textBaseline = "bottom";
        cxt.fillText("bottom", 230, 100);
    }
  </script>
</head>
<body>
    <canvas id="canvas" width="300" height="200" style="border:1px dashed gray;"></canvas>
</body>
</html>
```

预览效果如图 5-9 所示。

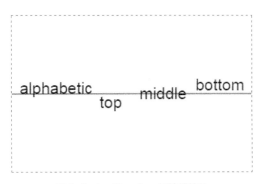

图 5-9　textBaseline 属性的效果

在实际开发中，textAlign 属性和 textBaseline 属性都用得比较少，大家只需要简单了解一下，不需要深入研究。我们需要重点掌握的是 font 属性。

第 6 章

图片操作

6.1 图片操作简介

在 Canvas 中，我们不仅可以绘制各种形状的图形，还可以将图片导入 Canvas 进行各种操作，如平铺、切割、像素处理等。

无论我们开发的是应用程序还是游戏软件，都离不开图片，因为没有图片就无法让整个界面漂亮起来。在开发 Canvas 游戏的时候，游戏中的地图、背景、人物、物品等都不是用 Canvas 绘制的，而是用导入的图片来实现的。因此图片的操作在 Canvas 开发中是非常重要的。

Canvas 为我们提供了 drawImage() 方法来绘制图片。在这一章中我们会给大家详细介绍使用 Canvas 操作图片的各种开发技巧。

6.2 绘制图片

在 Canvas 中，我们可以使用 drawImage() 方法来绘制图片。所谓"绘制图片"，就是将图片在 Canvas 中显示出来。

drawImage() 方法共有 3 种调用方式。

▶ drawImage(image , dx , dy)。
▶ drawImage(image , dx , dy , dw , dh)。
▶ drawImage(image , sx , sy , sw , sh , dx , dy , dw , dh)。

6.2.1 drawImage(image , dx , dy)

▼ 语法

```
cxt.drawImage(image, dx, dy);
```

说明

使用 drawImage(image, dx, dy) 的效果如图 6-1 所示。

参数 image，表示页面中的图片。该图片可以是页面中的 img 元素，也可以是 JavaScript 创建的 Image 对象。

参数 dx，表示图片左上角的横坐标。

参数 dy，表示图片左上角的纵坐标。

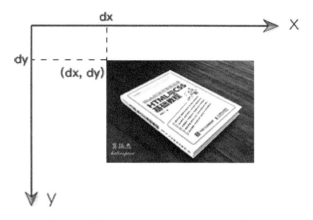

图 6-1　使用 drawImage(image, dx , dy) 的效果

举例：图片来自 JavaScript 动态创建

```html
<!DOCTYPE html>
<html>
<head>
    <meta charset="utf-8" />
    <title></title>
    <script>
        function $$(id) {
            return document.getElementById(id);
        }
        window.onload = function () {
            var cnv = $$("canvas");
            var cxt = cnv.getContext("2d");

            //创建image对象
            var image = new Image();
            image.src = "images/princess.png";

            image.onload = function () {
                cxt.drawImage(image, 40, 20);
            }
        }
    </script>
</head>
<body>
    <canvas id="canvas" width="200" height="150" style="border:1px dashed gray;"></canvas>
</body>
</html>
```

预览效果和分析思路如图 6-2 所示。

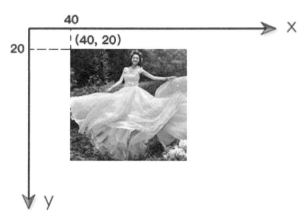

图 6-2   图片来自 JavaScript 的动态创建

▼ 分析

```
var image = new Image();
image.src = "images/princess.png";
```

在这个例子中，我们首先创建一个 image 对象，并且指定该对象的 src，也就是图片的路径。

```
image.onload = function () {
    cxt.drawImage(image, 40, 20);
}
```

在上面这段代码中，我们为 image 对象添加 onload 事件侦听，当图片全部载入后再使用 drawImage() 方法绘制图片。我们要记住一点：**必须在图片载入完成后才能开始绘制图片**。如果图片没有载入完成就使用 drawImage() 方法进行绘制，Canvas 将不会显示任何图片。小伙伴们可以尝试不使用 image.onload=function(){}，而是直接使用 drawImage() 的方法，然后看看实际效果如何。

这个例子的图片是动态创建的，当然我们也可以直接获取 DOM 中已经存在的图片操作。

▼ 举例：图片来自 img 元素

```
<!DOCTYPE html>
<html>
<head>
    <meta charset="utf-8" />
    <title></title>
    <script>
    <style type="text/css">
        /*隐藏HTML中的img元素*/
        #pic{display:none;}
    </style>
    <script type="text/javascript">
        function $$(id) {
```

```
            return document.getElementById(id);
        }
        window.onload = function () {
            var cnv = $$("canvas");
            var cxt = cnv.getContext("2d");

            var image = document.getElementById("pic");
            cxt.drawImage(image, 40, 20);
        }
    </script>
</head>
<body>
    <canvas id="canvas" width="200" height="150" style="border:1px dashed gray;"></canvas>
    <img id="pic" src="images/princess.png" alt=""/>
</body>
</html>
```

预览效果如图 6-3 所示。

图 6-3　图片来自"img 元素"

▼ 分析

跟上一个例子不一样，这个例子的图片是来源于 HTML 中的一个 img 元素。这种方式的优点在于 JavaScript 执行时图片已经加载完成，也就是说，我们不需要再使用 image.onload=function(){} 加载图片。

对于这种方式，一般情况下我们都会使用 CSS 来隐藏图片元素，这样可以避免在 DOM 中再显示一次图片而影响页面预期效果。

6.2.2　drawImage(image , dx , dy , dw , dh)

▼ 语法

`cxt.drawImage(image, dx, dy, dw, dh)`

▼ 说明

参数 image、dx、dy 跟 drawImage(image , dx , dy) 的参数一样。

参数 dw，定义图片的宽度。

参数 dh，定义图片的高度。

drawImage(image , dx , dy , dw , dh) 相对 drawImage(image , dx , dy) 来说，只是增加了定义图片宽度和高度的功能，如图 6-4 所示。这种方式可以让我们对图片进行缩放，然后再显示在 Canvas 上。

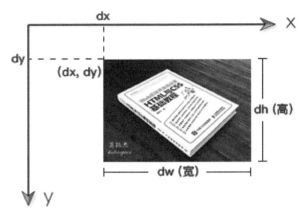

图 6-4　使用 drawImage(image, dx, dy, dw, dh) 的效果

▌ 举例

```html
<!DOCTYPE html>
<html>
<head>
    <meta charset="utf-8" />
    <title></title>
    <script>
        function $$(id) {
            return document.getElementById(id);
        }
        window.onload = function () {
            var cnv = $$("canvas");
            var cxt = cnv.getContext("2d");

            var image = new Image();
            image.src = "images/princess.png";
            image.onload = function () {
                cxt.drawImage(image, 40, 20, 60, 60);
            }
        }
    </script>
</head>
<body>
    <canvas id="canvas" width="200" height="150" style="border:1px dashed gray;"></canvas>
</body>
</html>
```

预览效果和分析思路如图 6-5 所示。

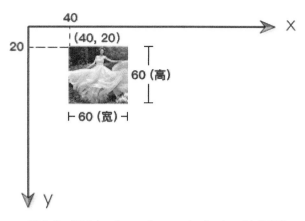

图 6-5　使用 drawImage(image, dx, dy, dw, dh) 的实例

▶ 分析

在这个例子中，源图片的尺寸为 120px×120px，这里我们使用 drawImage(image，dx，dy，dw，dh) 将其缩小为 60px×60px，然后再绘制。

大家将这个例子与 drawImage(image，dx，dy) 中的例子好好对比一下，这样更能加深理解和记忆。

6.2.3　drawImage(image, sx, sy, sw, sh, dx, dy, dw, dh)

▶ 语法：

```
cxt.drawImage(image, sx, sy, sw, sh, dx, dy, dw, dh)
```

▶ 说明：

参数 image、dx、dy、dw、dh 跟 drawImage(image, dx, dy, dw, dh) 的参数意思相同。

参数 sx、sy、sw、sh 表示源图片需要被截取的范围。

参数 sx，表示源图片被截取部分的横坐标。

参数 sy，表示源图片被截取部分的纵坐标。

参数 sw，表示源图片被截取部分的宽度。

参数 sh，表示源图片被截取部分的高度。

drawImage(image，sx，sy，sw, sh，dx，dy，dw, dh) 这种方式可以让我们截取图片的某一部分，如图 6-6 所示。

学到这里，估计小伙伴们都被这 3 个方法的参数给搞晕了。下面教大家一个区分的办法。

▶ sx、sy、sw、sh 这 4 个参数中的 "s" 指的是 "source（源图片）"。

▶ dx、dy、dw、dh 这 4 个参数中的 "d" 指的是 "destination（目标图片）"。

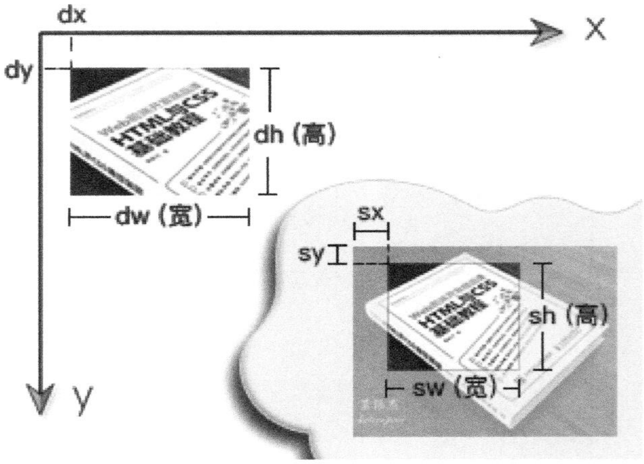

图 6-6 使用 drawImage(image , sx, sy, sw, sh, dx, dy, dw, dh) 的效果

这样一联系，上面那些参数就很好理解和记忆了。不过对于这 3 种方式，就算我们记不住也没关系，等实际开发的时候，再看一看就行了。

举例

```
<!DOCTYPE html>
<html>
<head>
    <meta charset="utf-8" />
    <title></title>
    <script>
        function $$(id) {
            return document.getElementById(id);
        }
        window.onload = function () {
            var cnv = $$("canvas");
            var cxt = cnv.getContext("2d");

            var image = new Image();
            image.src = "images/princess.png";
            image.onload = function () {
                cxt.drawImage(image, 0, 0, 80, 80, 40, 20, 80, 80);
            }
        }
    </script>
</head>
<body>
    <canvas id="canvas" width="200" height="150" style="border:1px dashed gray;"></canvas>
</body>
</html>
```

预览效果如图 6-7 所示。

图 6-7　使用 drawImage(image, sx, sy, sw, sh, dx, dy, dw, dh) 的实例

▶ 分析

这 3 种方法在实际开发中经常被用到，它们都有各自的优点和使用场合。

▶ 第 1 种方法仅用于绘制一张图片。

▶ 第 2 种方法可以用于绘制大小不一样的图片（常用于 Canvas 游戏开发）。

▶ 第 3 种方法可以将部分图像复制到 Canvas 中，类似于 CSS Sprite 技术，从而使得图片
  只需要加载一次即可，这样可极大地提高页面的加载速度（常用于 Canvas 游戏开发）。

6.3　平铺图片

在 Canvas 中，我们可以使用 createPattern() 方法来定义图片的平铺方式。

▶ 语法

```
var pattern = cxt.createPattern(image , type);
cxt.fillStyle = pattern;
cxt.fillRect();
```

▶ 说明

想要定义图片的平铺方式，我们需要将 createPattern() 和 fillRect() 这两个方法配合使用。

参数 image 表示被平铺的图片对象，参数 type 表示图像平铺的方式。参数 type 有 4 种取值：
no-repeat、repeat-x、repeat-y、repeat，如表 6-1 所示。

表 6-1　createPattern() 方法参数 type 的取值

参数值	说明
repeat	默认值，在水平方向和垂直方向同时平铺
repeat-x	只在水平方向平铺
repeat-y	只在垂直方向平铺
no-repeat	只显示一次（不平铺）

在"2.3 矩形"一节我们学过，fillStyle 属性取值有 3 种：颜色值、渐变色和图案。在之前的学
习中，已经接触过很多 fillStyle 属性取值为"颜色值"的情况，在这一节中我们来学习 fillStyle 属性
取值为一个"图案"时的操作。

注意，createPattern() 方法不仅可以用于平铺图片，还可以用于平铺其他 canvas 元素或者平铺 video 元素（即视频）。不过使用 createPattern() 方法平铺 video 元素的情况较少，我们只需要简单了解一下即可。

举例：平铺图片

```
<!DOCTYPE html>
<html>
<head>
    <meta charset="utf-8" />
    <title></title>
    <script>
        function $$(id) {
            return document.getElementById(id);
        }
        window.onload = function () {
            var cnv = $$("canvas");
            var cxt = cnv.getContext("2d");

            var myImg = new Image();
            myImg.src = "images/flower.png";

            myImg.onload = function () {
                var pattern = cxt.createPattern(myImg, "repeat");
                cxt.fillStyle = pattern;
                cxt.fillRect(0, 0, cnv.width, cnv.height);
            }
        }
    </script>
</head>
<body>
    <canvas id="canvas" width="200" height="150" style="border:1px dashed gray;"></canvas>
</body>
</html>
```

预览效果如图 6-8 所示。

图 6-8　平铺图片（repeat）的效果

分析

当我们将代码中的 repeat 改为 repeat-x 时，预览效果如图 6-9 所示。

图 6-9 平铺图片（repeat-x）的效果

当我们将代码中的 repeat 改为 repeat-y 时，预览效果如图 6-10 所示。

图 6-10 平铺图片（repeat-y）的效果

像上面这种带有重复性的背景图片，我们也可以使用一张图片来实现。不过如果使用一张图片实现，图片文件会非常大，这样会影响加载页面的性能。因此最好的办法是使用一张小图片，然后以平铺方式来实现。

createPattern() 方法一般用于背景图片纹理的平铺，不过我们在寻找相应背景素材的时候也要下一定的功夫，要能够保证素材在重复的过程中不会出现不自然的缝隙。

▼ 举例：平铺 Canvas 元素

```
<!DOCTYPE html>
<html>
<head>
    <meta charset="utf-8" />
    <title></title>
    <script>
        function $$(id) {
            return document.getElementById(id);
        }
        window.onload = function () {
            var cnv = $$("canvas");
            var cxt = cnv.getContext("2d");

            //创建canvas元素
            var bgCanvas = document.createElement("canvas");
            bgCanvas.width = 20;
            bgCanvas.height = 20;
```

```
        //在新创建的canvas中画一个圆
        var bgCxt = bgCanvas.getContext("2d");
        bgCxt.beginPath();
        bgCxt.arc(10, 10, 10, 0, 360 * Math.PI / 180, true);
        bgCxt.closePath();
        bgCxt.fillStyle = "HotPink";
        bgCxt.fill();

        //平铺所画的圆
        var pattern = cxt.createPattern(bgCanvas, "repeat-x");
        cxt.fillStyle = pattern;
        cxt.fillRect(0, 0, 200, 200);
    }
    </script>
</head>
<body>
    <canvas id="canvas" width="200" height="160" style="border:1px dashed gray;"></canvas>
</body>
</html>
```

预览效果如图 6-11 所示。

图 6-11　平铺 Canvas 元素的效果

▌ 分析

从这个例子我们可以看出，createPattern() 方法不仅可以用于图片，还可以用于其他 canvas 元素。我们都知道，使用图片会需要一定的加载时间，因此在实际开发中，对于一些基本的背景图案，我们会使用 Canvas 来绘制。这个时候，使用 createPattern() 方法来平铺 canvas 元素的方法就十分有效了。也就是说，我们可以填充自己绘制的图案，非常方便。

此外，小伙伴们可以尝试用这种方式来平铺自己使用 Canvas 绘制的五角星。你会看出，这种效果非常棒。

6.4　切割图片

在 Canvas 中，我们可以使用 clip() 方法来切割 Canvas 中绘制的图片。

▌ 语法

```
cxt.clip();
```

▌ 说明

想要使用 clip() 方法切割一张图片，需要以下 3 步。

① 绘制基本图形。

② 使用 clip() 方法。

③ 绘制图片。

▌ 举例

```
<!DOCTYPE html>
<html>
<head>
    <meta charset="utf-8" />
    <title></title>
    <script>
        function $$(id) {
            return document.getElementById(id);
        }
        window.onload = function () {
            var cnv = $$("canvas");
            var cxt = cnv.getContext("2d");

            //第1步，绘制基本图形，用于切割
            cxt.beginPath();
            cxt.arc(70, 70, 50, 0, 360 * Math.PI / 180, true);
            cxt.closePath();
            cxt.stroke();

            //第2步，使用clip()方法，使得切割区域为上面绘制的基本图形
            cxt.clip();

            //第3步，绘制图片
            var image = new Image();
            image.src = "images/princess.png";
            image.onload = function () {
                cxt.drawImage(image, 10, 20);
            }
        }
    </script>
</head>
<body>
    <canvas id="canvas" width="200" height="160" style="border:1px dashed gray;"></canvas>
</body>
</html>
```

预览效果如图 6-12 所示。

图 6-12　clip() 方法切割图片（圆形）

▌ 分析

我们也可以使用矩形、多边形、椭圆等作为切割区域，这些就留给小伙伴们自己去尝试了。

▌ 举例

```
<!DOCTYPE html>
<html>
<head>
    <meta charset="utf-8" />
    <title></title>
    <script>
        function $$(id) {
            return document.getElementById(id);
        }
        window.onload = function () {
            var cnv = $$("canvas");
            var cxt = cnv.getContext("2d");

            //第1步，绘制基本图形，用于切割
            cxt.moveTo(20, 70);
            cxt.lineTo(120, 20);
            cxt.lineTo(120, 70);
            cxt.lineTo(20, 70);
            cxt.stroke();

            //第2步，使用clip()方法，使得切割区域为上面绘制的基本图形
            cxt.clip();

            //第3步，绘制图片
            var image = new Image();
            image.src = "images/princess.png";
            image.onload = function () {
                cxt.drawImage(image, 10, 20);
            }
        }
    </script>
</head>
<body>
```

```
    <canvas id="canvas" width="200" height="160" style="border:1px dashed gray;"></canvas>
</body>
</html>
```

预览效果如图 6-13 所示。

图 6-13　clip() 方法切割图片（三角形）

▌ 分析

clip() 方法不仅可以用于切割图片，还可以为 Canvas 划分一个显示区域。clip() 方法比较复杂，我们会在 "11.2 clip() 方法" 一节详细介绍。学到后面，小伙伴们也别忘了跟这一节对比理解一下喔。

6.5　深入图片操作

在 Canvas 中，图片还可以跟文字或图形巧妙结合，从而实现一些特殊的效果。

▌ 举例：图片结合文字

```
<!DOCTYPE html>
<html>
<head>
    <meta charset="utf-8" />
    <title></title>
    <script>
        function $$(id) {
            return document.getElementById(id);
        }
        window.onload = function () {
            var cnv = $$("canvas");
            var cxt = cnv.getContext("2d");

            //创建image对象
            var image = new Image();
            image.src = "images/princess.png";

            image.onload = function () {
                var text = "绿叶学习网";
                cxt.font = "bold 22px 微软雅黑";
```

```
                var pattern = cxt.createPattern(image, "no-repeat");
                cxt.fillStyle = pattern;
                cxt.fillText(text, 10, 50);
            }
        }
    </script>
</head>
<body>
    <canvas id="canvas" width="200" height="150" style="border:1px dashed gray;"></canvas>
</body>
</html>
```

预览效果如图 6-14 所示。

图 6-14　图片结合文字

▌ 分析

这里我们使用图片结合文字的方式，实现了图片填充文字的效果。方法很简单，我们稍微看看代码就知道实现思路了。

不过使用图片填充文字或图形这种方式，在实际开发中用得并不多，大家知道有这么一回事就可以了。

▌ 举例：图片结合图形

```
<!DOCTYPE html>
<html>
<head>
    <meta charset="utf-8" />
    <title></title>
    <script>
        function $$(id) {
            return document.getElementById(id);
        }
        window.onload = function () {
            var cnv = $$("canvas");
            var cxt = cnv.getContext("2d");

            //创建image对象
            var image = new Image();
            image.src = "images/princess.png";
```

```
        image.onload = function () {
            cxt.beginPath();
            cxt.arc(50, 50, 50, 0, 360 * Math.PI / 180, false);
            cxt.closePath();
            var pattern = cxt.createPattern(image, "no-repeat");
            cxt.fillStyle = pattern;
            cxt.fill();
        }
    }
    </script>
</head>
<body>
    <canvas id="canvas" width="200" height="150" style="border:1px dashed gray;"></canvas>
</body>
</html>
```

预览效果如图 6-15 所示。

图 6-15　图片结合图形

第7章

变形操作

7.1 变形操作简介

在 Canvas 中，有时候我们需要实现文字或图片的各种变形效果，如位移、缩放、旋转、倾斜等，这个时候就涉及 Canvas 中的变形操作。

Canvas 为我们提供了以下几种变形操作的方法，如表 7-1 所示。

表 7-1　Canvas 变形操作的方法

方法	说明
translate()	平移
scale()	缩放
rotate()	旋转
transform()、setTransform()	变换矩阵

从表 7-1 可以看出，Canvas 中的变形操作与我们在中学数学课上接触的图形操作是一样的，非常简单。此外，Canvas 中的变形操作跟 CSS3 的变形操作也是非常相似的，大家一定要对比理解一下，这样更能加深记忆。对于 CSS3 的变形操作，可以参考本系列的《从 0 到 1：HTML5+CSS3 修炼之道》。

此外，Canvas 中的变形操作，不仅可以用于图形，还可以用于图像和文字。

7.2 图形平移

7.2.1 translate() 方法

在 Canvas 中，我们可以使用 translate() 方法来平移图形。所谓"平移"，指的是图形沿着 x 轴或 y 轴进行直线运动。平移不会改变图形的形状和大小。

语法

```
cxt.translate(x,y);
```

说明

x 表示图形在 x 轴方向移动的距离，默认单位为 px。当 x 为正时，图形向 x 轴正方向移动；当 x 为负时，图形向 x 轴反方向移动。

y 表示图形在 y 轴方向移动的距离，默认单位为 px。当 y 为正时，图形向 y 轴正方向移动；当 y 为负时，图形向 y 轴反方向移动。

注意，Canvas 使用的坐标系为 W3C 坐标系（y 轴正方向向下），而不是数学坐标系（y 轴正方向向上），如图 7-1 所示。

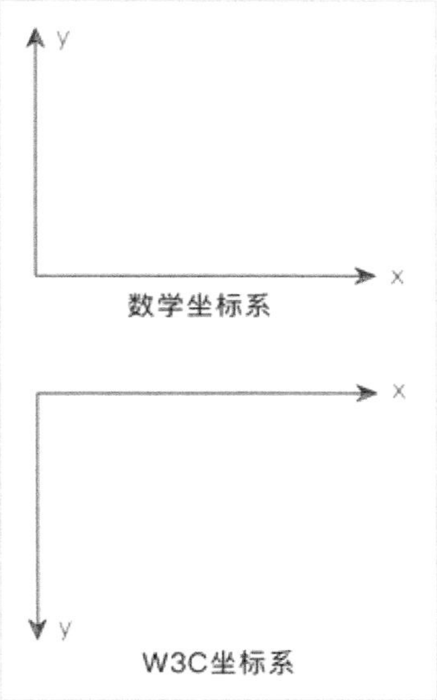

图 7-1 数学坐标系和 W3C 坐标系

举例

```
<!DOCTYPE html>
<html>
<head>
    <meta charset="utf-8" />
    <title></title>
    <script>
         function $$(id) {
             return document.getElementById(id);
         }
         window.onload = function () {
             var cnv = $$("canvas");
             var cxt = cnv.getContext("2d");
             //绘制矩形
             cxt.fillStyle = "HotPink";
             cxt.fillRect(30, 30, 50, 50);
```

```
            //移动矩形
            cxt.translate(50, 50);
            cxt.fillRect(30, 30, 50, 50);        //重绘，这里仍然是fillRect(30, 30, 50, 50)
        }
    </script>
</head>
<body>
    <canvas id="canvas" width="200" height="150" style="border:1px dashed gray"></canvas>
</body>
</html>
```

预览效果如图 7-2 所示。

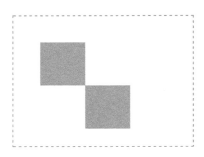

图 7-2　translate() 方法平移图形

⚑ 分析

translate() 方法必须在 fillRect() 方法之前调用才有效。对于 Canvas 来说，"状态"都必须在 "动作"之前定义，这一点我们经过之前的学习应该都很清楚了。

⚑ 举例

```
<!DOCTYPE html>
<html>
<head>
    <meta charset="utf-8" />
    <title></title>
    <script>
        function $$(id) {
            return document.getElementById(id);
        }
        window.onload = function () {
            var cnv = $$("canvas");
            var cxt = cnv.getContext("2d");

            //绘制初始图形
            cxt.fillStyle = "HotPink";
            cxt.fillRect(30, 30, 50, 50);

            //添加按钮点击事件
            $$("btn").onclick = function () {
                cxt.translate(10, 10);
```

```
                cxt.fillStyle = "HotPink";
                cxt.fillRect(30, 30, 50, 50);
            }
        }
    </script>
</head>
<body>
    <canvas id="canvas" width="200" height="150" style="border:1px dashed gray;"></canvas><br />
    <input id="btn" type="button" value="移动"/>
</body>
</html>
```

预览效果如图 7-3 所示。

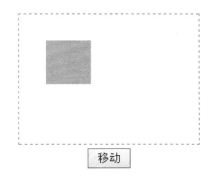

图 7-3　加入按钮控制的图形平移

▼　分析

cxt.translate(10, 10); 表示向 x 轴正方向移动 10px，同时向 y 轴正方向移动 10px。当我们点击按钮时，我们绘制的正方形会相对上一次正方形的位置，同时向 x 轴正方向和 y 轴正方向移动 10px，预览效果如图 7-4 所示。

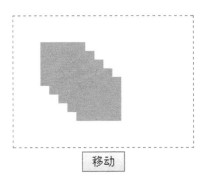

图 7-4　点击按钮后平移的效果

咦，怎么回事？图形是移动了，但是为什么每次都会把移动之前的图形保留下来呢？其实在默认情况下，Canvas 会把所有绘制的图形都保留下来。如果我们不想保留之前绘制的图形，那么在绘制新图形之前我们需要清空整个 Canvas，然后再绘制新的图形。

7.2.2　clearRect() 方法清空 Canvas

在 Canvas 中，我们可以使用 clearRect() 方法来清空整个 Canvas（即画布）。

▌ 语法

```
cxt.clearRect(0,0,cnv.width,cnv.height);
```

▌ 说明

cnv.width 表示获取 Canvas 的宽度，cnv.height 表示获取 Canvas 的高度。

在"2.3 矩形"一节学过，我们可以使用 clearRect() 方法来清空"指定矩形区域"。当"指定矩形区域"大小与 Canvas 大小相等时，就等于清空了整个 Canvas。

一般情况下，clearRect() 方法都是用于清空整个 Canvas，而很少用于清空 Canvas 的某一部分。因为仅仅清空 Canvas 的某一部分，这种做法其实一点意义都没有，还不如直接清空整个 Canvas 来得爽快。

▌ 举例

```html
<!DOCTYPE html>
<html>
<head>
    <meta charset="utf-8" />
    <title></title>
    <script>
        function $$(id) {
            return document.getElementById(id);
        }
        window.onload = function () {
            var cnv = $$("canvas");
            var cxt = cnv.getContext("2d");

            //绘制初始图形
            cxt.fillStyle = "HotPink";
            cxt.fillRect(30, 30, 50, 50);

            $$("btn").onclick = function () {
                cxt.clearRect(0, 0, cnv.width, cnv.height);
                cxt.translate(10, 10);
                cxt.fillStyle = "HotPink";
                cxt.fillRect(30, 30, 50, 50);
            }
        }
    </script>
</head>
<body>
    <canvas id="canvas" width="200" height="150" style="border:1px dashed gray;"></canvas><br />
    <input id="btn" type="button" value="移动"/>
</body>
</html>
```

预览效果如图 7-5 所示。

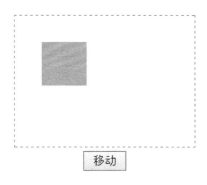

图 7-5　clearRect() 方法清空 Canvas

▼ 分析

当我们点击【移动】按钮时，会发现正方形同时朝着 x 轴和 y 轴的正方向不断移动，但此时却不会像上一个例子那样保留移动之前的图形。这个技巧在实际开发（特别是 Canvas 动画开发）中经常用到，小伙伴们一定要认真掌握喔。

7.3　图形缩放

7.3.1　scale() 方法

在 Canvas 中，我们可以使用 scale() 方法来对图形进行缩放操作。缩放，指的是"缩小"和"放大"。

▼ 语法

```
cxt.scale(x,y);
```

▼ 说明

x 表示图形在 x 轴方向的缩放倍数。y 表示图形在 y 轴方向的缩放倍数。其中，x 和 y 一般情况下都是正数。

当 x 或 y 的取值为 0~1 时，图形被缩小；当 x 或 y 的取值大于 1 时，图形被放大。大家想一下倍数是怎样的一个概念，这样很快就能懂了。

举个例子，如果 x 为 0.5，则表示将图形在 x 轴方向缩小为原来的 0.5 倍；如果 x 为 2，则表示将图形在 x 轴方向放大为原来的 2 倍，依次类推。

其实 x 和 y 也可以取负数，不过我们在一般情况下都不会用，因此在这里了解一下即可。

▼ 举例

```
<!DOCTYPE html>
<html>
```

```
<head>
    <meta charset="utf-8" />
    <title></title>
    <script>
        function $$(id) {
            return document.getElementById(id);
        }
        window.onload = function () {
            var cnv = $$("canvas");
            var cxt = cnv.getContext("2d");

            //绘制初始图形
            cxt.fillStyle = "HotPink";
            cxt.fillRect(30, 30, 50, 50);

            //缩放操作
            cxt.scale(1.5, 1.5);
            cxt.fillStyle = "LightSkyBlue";
            cxt.fillRect(30, 30, 50, 50);
        }
    </script>
</head>
<body>
    <canvas id="canvas" width="200" height="150" style="border:1px dashed gray"></canvas>
</body>
</html>
```

预览效果如图 7-6 所示。

图 7-6　scale() 方法实现图形缩放

▌ 分析

在这个例子中，scale(1.5, 1.5) 表示使矩形在 x 轴和 y 轴同时放大为原来的 1.5 倍。细心的小伙伴估计也发现了，在使用 scale(1.5, 1.5) 之后，图形左上角的坐标值也跟着变为原来的 1.5 倍了。如果想要保持左上角的坐标值不变，我们可以在使用 scale(1.5, 1.5) 之后，再使用 translate(-15,-15) 恢复。

▌ 举例

```
<!DOCTYPE html>
<html>
```

```
<head>
    <meta charset="utf-8" />
    <title></title>
    <script>
        function $$(id) {
            return document.getElementById(id);
        }
        window.onload = function () {
            var cnv = $$("canvas");
            var cxt = cnv.getContext("2d");

            //绘制初始图形
            cxt.fillStyle = "HotPink";
            cxt.fillRect(30, 30, 50, 50);

            //图形放大
            $$("btn-big").onclick = function () {
                cxt.scale(1.5, 1.5);
                cxt.fillStyle = "#9966FF";
                cxt.fillRect(30, 30, 50, 50);
            }

            //图形缩小
            $$("btn-small").onclick = function () {
                cxt.scale(0.5, 0.5);
                cxt.fillStyle = "LightSkyBlue";
                cxt.fillRect(30, 30, 50, 50);
            }
        }
    </script>
</head>
<body>
    <canvas id="canvas" width="200" height="150" style="border:1px dashed gray"></canvas><br />
    <input id="btn-big" type="button" value="放大" />
    <input id="btn-small" type="button" value="缩小" />
</body>
</html>
```

预览效果如图 7-7 所示。

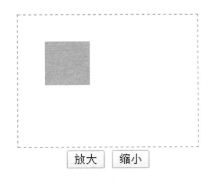

图 7-7　加入按钮控制的图形缩放

当我们点击【缩小】按钮时，预览效果如图 7-8 所示。

图 7-8　点击【缩小】按钮后的效果

当我们点击【放大】按钮时，预览效果如图 7-9 所示。

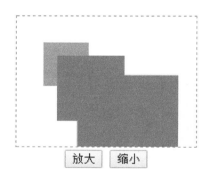

图 7-9　点击【放大】按钮后的效果

▌ 分析

cxt.scale(0.5, 0.5); 表示将原来的图形在 x 轴和 y 轴这两个方向同时缩小为原来的 0.5 倍。cxt.scale(1.5, 1.5); 表示将原来的图形在 x 轴和 y 轴两个方向同时放大为原来的 1.5 倍。

注意，每次点击【缩小】或【放大】按钮，图形的缩放是相对于上一次操作之后的图形而言的。举个例子，我们点击一次【缩小】按钮之后，接着再点击一次【放大】按钮，此时预览效果如图 7-10 所示。

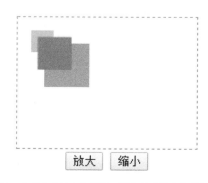

图 7-10　先点击【缩小】按钮，再点击【放大】按钮的效果

7.3.2 scale() 方法的负作用

在 Canvas 中，我们可以使用 scale() 方法来改变图形的大小（即缩放）。不过使用 scale() 方法是有一定负作用的，它除了会改变图形的大小之外，还会改变其他属性，如线条宽度（即 lineWidth）、左上角坐标等。

▶ 举例

```
<!DOCTYPE html>
<html>
<head>
    <meta charset="utf-8" />
    <title></title>
    <script>
        function $$(id) {
            return document.getElementById(id);
        }
        window.onload = function () {
            var cnv = $$("canvas");
            var cxt = cnv.getContext("2d");

            cxt.lineWidth = 4;
            cxt.strokeStyle = "HotPink";
            cxt.strokeRect(30, 30, 50, 50);

            //图形放大
            $$("btn-big").onclick = function () {
                cxt.scale(1.5, 1.5);
                cxt.strokeRect(30, 30, 50, 50);
            }
        }
    </script>
</head>
<body>
    <canvas id="canvas" width="200" height="150" style="border:1px dashed gray"></canvas><br />
    <input id="btn-big" type="button" value="放大"/>
</body>
</html>
```

默认情况下，预览效果如图 7-11 所示。当我们多次点击【放大】按钮之后，预览效果如图 7-12 所示。

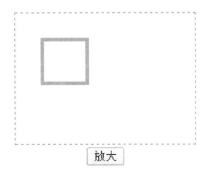

图 7-11　默认情况下的效果

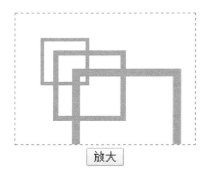

图 7-12　多次点击【放大】按钮后的效果

按照预期效果，图形放大之后，线条宽度和左上角坐标都应该不变才对。但是在这里，每次放大之后，线条宽度和左上角坐标都会变为原来的 2 倍。前面几个例子，也存在这种情况。因此在实际开发中，如果我们想要使用 scale() 方法，一定要注意上面这种情况。

总结一下，scale() 方法会改变图形的以下 3 点。

▶　左上角坐标。

▶　宽度或高度。

▶　线条宽度。

清楚这些，可以让大家更加深入地了解 scale() 方法的本质以及避免出现一些低级的 bug。

7.4　图形旋转

7.4.1　rotate() 方法

在 Canvas 中，我们可以使用 rotate() 方法来旋转图形。

▌ 语法

```
cxt.rotate(angle);
```

▌ 说明

参数 angle 表示图形旋转的角度，取值为 -Math.PI*2~Math.PI*2。当 angle<0 时，图形逆时针旋转；当 angle>0 时，图形顺时针旋转。

注意，rotate() 方法的角度是用弧度来表示的，例如 180° 应该写成 Math.PI，而 360° 就应该写成 Math.PI*2，依次类推。

在实际开发中推荐这种写法：度数 *Math.PI/180，比如：

```
120*Math.PI/180    //120°
150*Math.PI/180    //150°
```

到现在我们应该发现，在 Canvas 中凡是涉及角度的方法，都用弧度来表示，如 arc() 方法、arcTo() 方法。

▌ 举例

```html
<!DOCTYPE html>
<html>
<head>
    <meta charset="utf-8" />
    <title></title>
    <script>
        function $$(id) {
            return document.getElementById(id);
        }
        window.onload = function () {
            var cnv = $$("canvas");
            var cxt = cnv.getContext("2d");

            cxt.fillStyle = "HotPink";
            cxt.fillRect(30, 30, 50, 50);

            $$("btn").onclick = function () {
                cxt.rotate(-30 * Math.PI / 180); //逆时针旋转30°
                cxt.fillStyle = "LightSkyBlue ";
                cxt.fillRect(30, 30, 50, 50);       //注意，这里仍然是fillRect(30, 30, 50, 50)
            }
        }
    </script>
</head>
<body>
    <canvas id="canvas" width="200" height="150" style="border:1px dashed gray;"></canvas><br />
    <input id="btn" type="button" value="旋转" />
</body>
</html>
```

预览效果如图 7-13 所示。

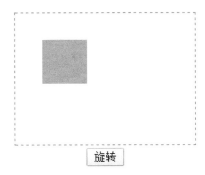

图 7-13　加入按钮控制的图形旋转

▌ 分析

cxt.rotate(-30*Math.PI/180); 表示将图形逆时针旋转 30°。当我们点击【旋转】按钮后，预览效果和分析思路如图 7-14 所示。

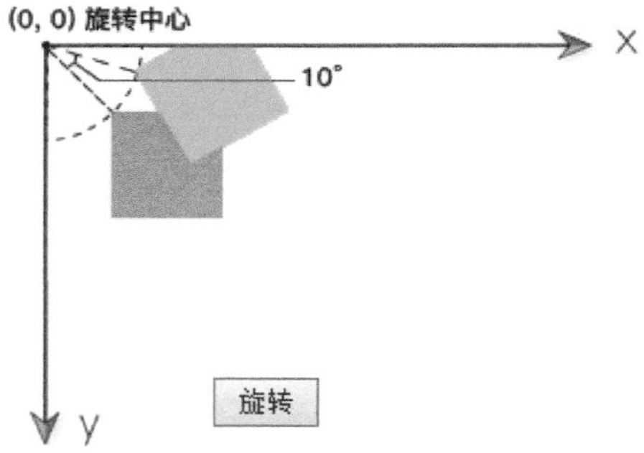

图 7-14 旋转分析

默认情况下，rotate() 方法的旋转中心是原点。对于这一点，我们从下面这个例子可以直观地看到。

举例

```
<!DOCTYPE html>
<html>
<head>
    <meta charset="utf-8" />
    <title></title>
    <script>
        function $$(id) {
            return document.getElementById(id);
        }
        window.onload = function () {
            var cnv = $$("canvas");
            var cxt = cnv.getContext("2d");

            cxt.fillStyle = "HotPink";
            cxt.fillRect(30, 30, 50, 50);

            var degree = 0;
            setInterval(function () {
                cxt.rotate(degree * Math.PI/180);
                cxt.fillRect(30, 30, 50, 50);
                degree++;
            }, 100);
        }
    </script>
</head>
<body>
    <canvas id="canvas" width="200" height="150" style="border:1px dashed gray;"></canvas>
</body>
</html>
```

预览效果如图 7-15 所示。

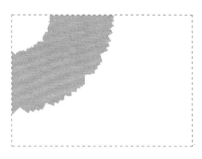

图 7-15　旋转中心为原点

有小伙伴就会问了："如果我希望旋转中心是其他坐标，如图形的中心，而不是原点，这该怎么实现呢？"

7.4.2　改变旋转中心

在默认情况下，图形是以 Canvas 的坐标原点为旋转中心的。如果想要以某一点（x，y）为旋转中心，我们可以先使用 translate 方法，然后再使用 rotate() 方法。

▛ 举例

```
<!DOCTYPE html>
<html>
<head>
    <meta charset="utf-8" />
    <title></title>
    <script>
        function $$(id) {
            return document.getElementById(id);
        }
        window.onload = function () {
            var cnv = $$("canvas");
            var cxt = cnv.getContext("2d");

            var i = 0;
            var rectWidth = 100;
            var rectHeight = 50;
            setInterval(function () {
                i++;
                cxt.clearRect(0, 0, cnv.width, cnv.height);
                cxt.save();
                cxt.translate(cnv.width / 2, cnv.height / 2);     //将旋转中心移动到图形中心
                cxt.rotate(Math.PI * (i / 100));                  //累进旋转
                cxt.fillStyle = "HotPink";
                cxt.fillRect(-rectWidth / 2, -rectHeight / 2, rectWidth, rectHeight); //填充矩形
                cxt.restore();
            }, 10);
        }
    </script>
```

```
</head>
<body>
    <canvas id="canvas" width="200" height="150" style="border:1px dashed gray;"></canvas>
</body>
</html>
```

预览效果和分析思路如图 7-16 所示。

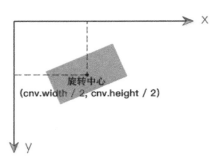

图 7-16　旋转中心为图形中心

▌ 分析

在实际开发中，我们可以使用 translate() 方法并结合图形的长宽来将旋转中心移动到图形中心上。这个技巧非常好用，小伙伴们要好好掌握喔。在这个例子中，我们使矩形的中心与画布的中心重合，这是为了更方便地操作。

7.5　变换矩阵

前面我们接触了平移 translate()、缩放 scale() 和旋转 rotate() 这 3 种方法。其实，这些变形方法从本质上来说都是通过变换矩阵 transform() 这个方法来实现的。

变换矩阵涉及线性代数的知识，即使小伙伴们学过线性代数，也建议认真学习这一节的知识。因为凡是涉及图形学，都离不开图形变换的数学推导。学了这一节的内容，再去接触其他类似知识（如 CSS3 中的变形、SVG 中的变形），就能触类旁通了。当然，如果某些小伙伴没学过线性代数，直接跳过这一节，也不会影响后面的学习。

7.5.1　transform() 方法

平移 translate()、缩放 scale() 和旋转 rotate() 这 3 种方法在本质上是用变换矩阵 transform() 方法来实现的。也就是说，我们仅通过 transform() 方法就可以实现平移、缩放和旋转这 3 种操作。

▌ 语法

```
cxt.transform(a,b,c,d,e,f);
```

▌ 说明

a：水平缩放绘图。

b：水平倾斜绘图。

c：垂直倾斜绘图。

d：垂直缩放绘图。

e：水平移动绘图。

f：垂直移动绘图。

▶ 说明

transform(a,b,c,d,e,f) 中的各个变量对应以下变换矩阵中相应位置的参数。

$$\begin{pmatrix} a & c & e \\ b & d & f \\ 0 & 0 & 1 \end{pmatrix}$$

1. 平移

假设图形开始坐标为（x，y），平移后的坐标为（x1，y1），在x轴和y轴的平移量分别为e和f，那么就有以下公式。

```
x1 = x + e;
y1 = y + f;
```

因此，我们可以得到以下矩阵公式。

$$\begin{pmatrix} x1 \\ y1 \\ 1 \end{pmatrix} = \begin{pmatrix} 1 & 0 & e \\ 0 & 1 & f \\ 0 & 0 & 1 \end{pmatrix} \begin{pmatrix} x \\ y \\ 1 \end{pmatrix}$$

通过上面这个矩阵公式我们可以知道：translate(e,f) 等价于 transform(1,0,0,1,e,f)。

▶ 举例

```
<!DOCTYPE html>
<html>
<head>
    <meta charset="utf-8" />
    <title></title>
    <script>
        function $$(id) {
            return document.getElementById(id);
        }
        window.onload = function () {
            var cnv = $$("canvas");
            var cxt = cnv.getContext("2d");

            //绘制初始图形
            cxt.fillStyle = "HotPink";
            cxt.fillRect(30, 30, 50, 50);

            $$("btn").onclick = function () {
```

```
                cxt.clearRect(0, 0, cnv.width, cnv.height);
                cxt.transform(1, 0, 0, 1, 10, 10);
                cxt.fillStyle = "HotPink";
                cxt.fillRect(30, 30, 50, 50);
            }
        }
    </script>
</head>
<body>
    <canvas id="canvas" width="200" height="150" style="border:1px dashed gray;"></canvas><br />
    <input id="btn" type="button" value="移动"/>
</body>
</html>
```

预览效果如图 7-17 所示。

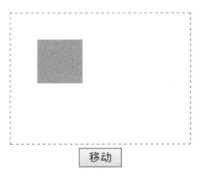

图 7-17　平移

▧ 分析

在这个例子中，将 transform(1,0,0,1,10,10) 换为 translate(10,10) 的效果是一样的。大家可以自行在本地测试。

2. 缩放

假设图形开始坐标为（x，y），缩放后的坐标为（x1，y1），在 x 轴和 y 轴上缩放的倍数分别为 a 和 d，那么就有以下公式。

```
x1 = a * x;
y1 = d * y;
```

因此我们可以得到以下矩阵公式。

$$\begin{pmatrix} x1 \\ y1 \\ 1 \end{pmatrix} = \begin{pmatrix} a & 0 & 0 \\ 0 & d & 0 \\ 0 & 0 & 1 \end{pmatrix} \begin{pmatrix} x \\ y \\ 1 \end{pmatrix}$$

通过上面这个矩阵公式我们可以知道：scale(a,d) 等价于 transform(a,0,0,d,0,0)。

▚ 举例

```html
<!DOCTYPE html>
<html>
<head>
    <meta charset="utf-8" />
    <title></title>
    <script>
        function $$(id) {
            return document.getElementById(id);
        }
        //定义绘制图形的函数
        window.onload = function () {
            var cnv = $$("canvas");
            var cxt = cnv.getContext("2d");

            cxt.fillStyle = "HotPink";
            cxt.fillRect(30, 30, 50, 50);
            //图形放大
            $$("btn-big").onclick = function () {
                cxt.transform(1.5,0,0,1.5,0,0);
                cxt.fillStyle = "#9966FF ";
                cxt.fillRect(30, 30, 50, 50);
            }
            //图形缩小
            $$("btn-small").onclick = function () {
                cxt.transform(0.5,0,0,0.5,0,0);
                cxt.fillStyle = "LightSkyBlue";
                cxt.fillRect(30, 30, 50, 50);
            }
        }
    </script>
</head>
<body>
    <canvas id="canvas" width="200" height="150" style="border:1px dashed gray"></canvas><br />
    <input id="btn-big" type="button" value="放大"/>
    <input id="btn-small" type="button" value="缩小"/>
</body>
</html>
```

预览效果如图 7-18 所示。

图 7-18　缩放

▌ **分析**

在这个例子中，transform(1.5,0,0,1.5,0,0) 等价于 scale(1.5, 1.5)，而 transform(0.5,0, 0,0.5,0,0) 等价于 scale(0.5, 0.5)。

3.　旋转

假设图形开始坐标为（x，y），旋转后的坐标为（x1，y1），图形旋转的角度为 θ，那么就有以下公式。

```
x1 = x*cos θ - y*sin θ;
y1 = x*sin θ + y*cos θ;
```

因此我们可以得到以下矩阵公式。

$$
\begin{pmatrix} x1 \\ y1 \\ 1 \end{pmatrix} = \begin{pmatrix} \cos\theta & -\sin\theta & 0 \\ \sin\theta & \cos\theta & 0 \\ 0 & 0 & 1 \end{pmatrix} \begin{pmatrix} x \\ y \\ 1 \end{pmatrix}
$$

从上面这个矩阵公式我们可以知道: rotate(θ) 等价于 transform(cos θ, sin θ ,- sin θ , cos θ , 0, 0)。

▌ **举例**

```html
<!DOCTYPE html>
<html>
<head>
    <meta charset="utf-8" />
    <title></title>
    <style type="text/css">
        body{text-align:center;}
    </style>
    <script>
        function $$(id) {
            return document.getElementById(id);
        }
        //定义绘制图形的函数
        window.onload = function () {
            var cnv = $$("canvas");
            var cxt = cnv.getContext("2d");

            cxt.fillStyle = "HotPink";
            cxt.fillRect(30, 30, 50, 50);

            $$("btn").onclick = function () {
                var angle = -30 * Math.PI / 180      //逆时针旋转30°
                cxt.rotate(angle);
                cxt.fillStyle = "LightSkyBlue ";
                cxt.fillRect(30, 30, 50, 50);
            }
        }
```

```
        </script>
    </head>
    <body>
        <canvas id="canvas" width="200" height="150" style="border:1px dashed gray;"></canvas><br />
        <input id="btn" type="button" value="旋转"/>
    </body>
</html>
```

预览效果如图 7-19 所示。

图 7-19　旋转

▌ 分析

在这个例子中，cxt.rotate(angle); 等价于以下代码。

```
cxt.transform(Math.cos(angle), Math.sin(angle), -Math.sin(angle), Math.cos(angle), 0, 0);
```

至此，我们已经用 transform() 方法实现了所有变形操作。但在实际开发中，对于平移、缩放、旋转这 3 种变形，我们还是使用原来的方法，不建议使用 transform() 方法。之所以介绍 transform() 方法，只是为了让小伙伴们知道 translate()、scale() 和 rotate() 这 3 种方法的数学推导。

最后，我们来总结一下 transform() 方法与 translate()、scale()、rotate() 这 3 种方法的关系。

▶ translate(e,f) 等价于 transform(1,0,0,1,e,f)。
▶ scale(a,d) 等价于 transform(a,0,0,d,0,0)。
▶ rotate(θ) 等价于 transform(cos θ , sin θ ,− sin θ , cos θ ,0,0)。

7.5.2　setTransform() 方法

除了 transform() 方法，Canvas 还为我们提供了另外一种变换矩阵的方法: setTransform()。

setTransform() 和 transform() 方法非常相似，都可以用于图形的平移、缩放、旋转等操作，不过两者也有着本质的区别: 每次调用 transform() 方法，参考的都是上一次变换后的图形状态，然后再进行变换；但是 setTransform() 方法不一样，调用 setTransform() 方法会重置图形的状态，然后再进行变换。

看了半天都不知道在说什么？我们还是来看个直观的例子吧。

▮ 举例

```html
<!DOCTYPE html>
<html>
<head>
    <meta charset="utf-8" />
    <title></title>
    <script>
        function $$(id) {
            return document.getElementById(id);
        }
        window.onload = function () {
            var cnv = $$("canvas");
            var cxt = cnv.getContext("2d");

            cxt.fillStyle = "yellow";
            cxt.fillRect(0, 0, 100, 50)

            cxt.setTransform(1, 0.5, -0.5, 1, 30, 10);
            cxt.fillStyle = "red";
            cxt.fillRect(0, 0, 100, 50);

            cxt.setTransform(1, 0.5, -0.5, 1, 30, 10);
            cxt.fillStyle = "blue";
            cxt.fillRect(0, 0, 100, 50);
        }
    </script>
</head>
<body>
    <canvas id="canvas" width="200" height="150" style="border:1px dashed gray"></canvas>
</body>
</html>
```

预览效果如图 7-20 所示。

图 7-20　setTransform() 方法效果

▮ 分析

在这个例子中，每次调用 setTransform() 方法，Canvas 都会先将图形重置为原始位置，然后再进行旋转。如果我们将两个 setTransform(1, 0.5, -0.5, 1, 30, 10) 都改为 transform(1, 0.5, -0.5, 1, 30, 10)，此时预览效果如图 7-21 所示。

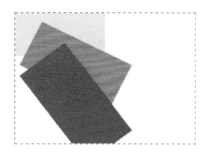

图 7-21 更改后的效果

7.6 深入变形操作

不仅是初学者，甚至不少使用了 Canvas 很久的人都以为变形操作只限用于"图形"。实际上，变形操作除了可以用于图形之外，还可以用于文字和图片。

▼ 举例：变形操作用于图片

```
<!DOCTYPE html>
<html>
<head>
    <meta charset="utf-8" />
    <title></title>
    <script>
        function $$(id) {
            return document.getElementById(id);
        }
        window.onload = function () {
            var cnv = $$("canvas");
            var cxt = cnv.getContext("2d");

            //创建image对象
            var image = new Image();
            image.src = "images/princess.png";

            image.onload = function () {
                cxt.drawImage(image, 10, 10);
                cxt.translate(50, 50);
                cxt.drawImage(image,10,10);
            }
        }
    </script>
</head>
<body>
    <canvas id="canvas" width="200" height="150" style="border:1px dashed gray;"></canvas>
</body>
</html>
```

预览效果如图 7-22 所示。

图 7-22 变形操作用于图片

▐ 举例：变形操作用于文字

```html
<!DOCTYPE html>
<html>
<head>
    <meta charset="utf-8" />
    <title></title>
    <script>
        function $$(id) {
            return document.getElementById(id);
        }
        window.onload = function () {
            var cnv = $$("canvas");
            var cxt = cnv.getContext("2d");

            var text = "绿叶学习网";
            cxt.font = "bold 20px 微软雅黑";
            cxt.strokeStyle = "HotPink";
            cxt.strokeText(text, 10, 30);

            cxt.translate(50,50);
            cxt.strokeText(text, 10, 30);
        }
    </script>
</head>
<body>
    <canvas id="canvas" width="200" height="150" style="border:1px dashed gray;"></canvas>
</body>
</html>
```

预览效果如图 7-23 所示。

图 7-23 变形操作用于文字

7.7　实战题：绘制绚丽的图形

巧妙地运用平移、缩放和旋转这 3 种变形操作，可以绘制出各种绚丽的图案。

实现代码如下。

```
<!DOCTYPE html>
<html>
<head>
    <meta charset="utf-8" />
    <title></title>
    <script>
        function $$(id) {
            return document.getElementById(id);
        }
        window.onload = function () {
            var cnv = $$("canvas");
            var cxt = cnv.getContext("2d");

            cxt.translate(150, 0);
            cxt.fillStyle = "rgba(255,0,0,0.25)";
            for (var i = 0; i < 50; i++) {
                cxt.translate(25, 25);          //图形平移
                cxt.scale(0.95, 0.95);          //图形缩放
                cxt.rotate(Math.PI / 10);       //图形旋转
                cxt.fillRect(0, 0, 100, 50);
            }
        }
    </script>
</head>
<body>
    <canvas id="canvas" width="200" height="180" style="border:1px dashed gray;"></canvas>
</body>
</html>
```

预览效果如图 7-24 所示。

图 7-24　绘制绚丽的图形

▌ 分析

这种万花筒效果是不是很酷呢？有没有一种《奇异博士》电影中那种空间变形的感觉？在这个例子中，我们首先绘制了一个矩形，然后在一个循环中反复使用平移、缩放、旋转，最后绘制出一个非常漂亮的变形图形。这是一个很有艺术感的作品喔。

其实，我们还可以利用变形操作绘制出各种奇妙无比的图案，至于能绘制出什么，这个得看大家的想象力了。

7.8　实战题：绘制彩虹

在这一节，我们给大家介绍一个绘制彩虹的例子，让大家熟悉一下变形的几个操作。
实现代码如下。

```html
<!DOCTYPE html>
<html>
<head>
    <meta charset="utf-8" />
    <title></title>
    <script>
        function $$(id) {
            return document.getElementById(id);
        }
        window.onload = function () {
            var cnv = $$("canvas");
            var cxt = cnv.getContext("2d");

            //定义数组，存储7种颜色
            var colors = ["red", "orange", "yellow", "green", "blue", "navy", "purple"];
            cxt.lineWidth = 12;
            cxt.translate(50,0);

            //循环绘制圆弧
            for (var i = 0; i < colors.length; i++) {
                //定义每次向下移动10px的变换矩阵
                cxt. translate(0,10);
                //定义颜色
                cxt.strokeStyle = colors[i];
                //绘制圆弧
                cxt.beginPath();
                cxt.arc(50, 100, 100, 0, 180 * Math.PI / 180, true);
                cxt.stroke();
            }
        }
    </script>
</head>
<body>
    <canvas id="canvas" width="200" height="150" style="border:1px dashed gray;"></canvas>
</body>
</html>
```

预览效果如图 7-25 所示。

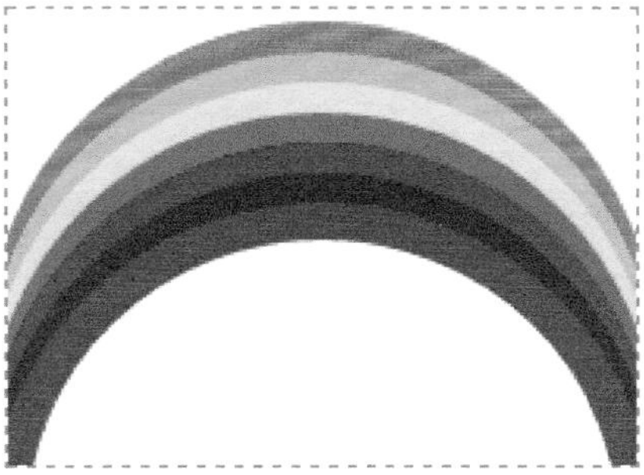

图 7-25 绘制彩虹

分析

在这个例子中，我们用一个 for 循环绘制了 7 个圆弧。其中圆弧的大小与位置均不变，我们只是使用了 translate() 方法，让坐标原点每次向下移动 10px，使得绘制出来的圆弧相互重叠。最后我们再对圆弧设置 7 种不同的颜色，从而实现七色彩虹的效果。

实际上，使用 translate() 方法之所以能够移动图形，是因为它把整个坐标系给移动了。

第 8 章

像素操作

8.1 像素操作简介

很多小伙伴都用过美颜软件，例如 Photoshop、美图秀秀等，如图 8-1 所示。使用这些软件，我们可以轻松实现很多特殊效果，如黑白效果、复古效果、亮度效果等。

实际上，这些效果的实现是非常简单的，我们只需要使用 Canvas 结合一点点算法就可以轻松完成。简单来说，学习了这一章，我们也能做出这样的"高级"特效。

图 8-1 美颜"神器"

要想实现这些特殊效果，需要对 Canvas 中的图片进行"像素级操作"。在 Canvas 中，我们可以配合使用 getImageData() 和 putImageData() 方法来对图片像素进行操作。事实上，像素操作一直是 HTML5 Canvas 最令人称赞的一个方面。

8.1.1 getImageData() 方法

在 Canvas 中，我们可以使用 getImageData() 方法来获取一张图片的像素数据。

▌ 语法

```
var imgData = cxt.getImageData(x , y , width , height);
var data = imgData.data;
```

▌ 说明

x、y表示所选图片区域左上角的横、纵坐标，width、height表示所选图片区域的宽度和高度。

getImageData() 方法返回的是一个 canvasPixelArray 对象，我们可以用一个变量（如 imgData）来保存这个对象。canvasPixelArray 对象有一个 data 属性，这个 data 属性是一个保存了这一张图片像素数据的数组，数组取值如 [r1,g1,b1,a1,r2,g2,b2,a2,…]。也就是说，imgData.data 这个数组中每 4 个数存储着 1 个像素的 RGBA 颜色值，这 4 个数分别是该像素的红（R）、绿（G）、蓝（B）、透明度（A）。

此外，imgData.data 表示一个保存像素数据的数组，imgData.data.length 表示一张图片的像素总量。

8.1.2　putImageData() 方法

在 Canvas 中，我们可以使用 putImageData() 方法输出一张图片的像素数据。简单来说，就是使用 putImageData() 方法在 Canvas 中显示一张图片。

▌ 语法

```
cxt.putImageData(image, x, y);
```

▌ 说明

image 表示重新绘制的图形，也就是使用 getImageData() 方法获取的 canvasPixelArray 对象。x、y 分别表示重新绘制的图形左上角的横坐标、纵坐标。

getImageData() 方法和 putImageData() 方法都是配合使用的。一般都是先用 getImageData() 方法获取像素数据，然后利用一定的算法进行像素操作，最后使用 putImageData() 方法输出像素数据（即在 Canvas 中显示一张图片）。

上面只是简单介绍了一下 getImageData() 和 putImageData() 这两个方法的语法，可能现在小伙伴们会觉得一头雾水，不过没关系，在后面几节里，我们结合相应的例子并经常回过头来看看这一小节，就很容易理解了。

在这一章接下来的几节中，我们将使用 getImageData() 和 putImageData() 方法来对图片进行以下几种像素操作，如图 8-2 所示。

- ▸ 反转效果。
- ▸ 黑白效果。
- ▸ 亮度效果。
- ▸ 复古效果。
- ▸ 红色蒙版。
- ▸ 透明处理。

图 8-2　像素操作实现的效果

8.2　反转效果

反转效果，也叫"颜色反转"，指的是图片颜色颠倒的效果。实现算法是：将红、绿、蓝 3 个通道的像素取各自的相反值。计算方法是：255 – 原值。

▌ 语法

```
for (var i = 0; i < data.length; i += 4)
{
    data[i + 0] = 255 - data[i + 0];
    data[i + 1] = 255 - data[i + 1];
    data[i + 2] = 255 - data[i + 2];
}
```

▌ 说明

反转效果是不需要对透明度进行操作的，也就是说我们不需要处理 data[i+3]。

▌ 举例

```
<!DOCTYPE html>
<html>
<head>
    <meta charset="utf-8" />
    <title></title>
    <script>
        function $$(id) {
            return document.getElementById(id);
        }
        window.onload = function () {
            var cnv = $$("canvas");
            var cxt = cnv.getContext("2d");

            var image = new Image();
            image.src = "images/princess.png";

            image.onload = function () {
                cxt.drawImage(image, 10, 10);
                var imgData = cxt.getImageData(10, 10, 120, 120);
```

```
                    var data = imgData.data;
                    //遍历每个像素
                    for (var i = 0; i < data.length; i += 4) {
                        data[i + 0] = 255 - data[i + 0];
                        data[i + 1] = 255 - data[i + 1];
                        data[i + 2] = 255 - data[i + 2];
                    }
                    //在指定位置输出图片
                    cxt.putImageData(imgData, 140, 10);
                }
            }
        </script>
    </head>
    <body>
        <canvas id="canvas" width="300" height="150" style="border:1px dashed gray;"></canvas>
    </body>
</html>
```

预览效果如图 8-3 所示。

图 8-3　反转效果（整张图片）

▌ 分析

很多小伙伴运行上述代码之后会发现没有效果，这主要是因为 Canvas 的像素操作是基于服务器环境才会生效的，所以大家一定要在服务器环境下运行上述代码。至于怎么搭建服务器环境，小伙伴们可以自行搜索，或者下载 HBuilder 这个编辑器来测试（因为它自带服务器环境）。

```
var imgData = cxt.getImageData(10, 10, 120, 120);
var data = imgData.data;
```

首先，我们使用 getImageData() 方法获取整个图片的像素数据，并保存给变量 imgData。然后使用 imgData.data 获取图片的像素数据数组，并保存给变量 data。此时，变量 data 是一个数组。

```
for (var i = 0; i < data.length; i += 4) {
    data[i + 0] = 255 - data[i + 0];
    data[i + 1] = 255 - data[i + 1];
    data[i + 2] = 255 - data[i + 2];
}
```

然后使用 for 循环遍历数组 data，其中 data.length 表示获取的图片像素总量。从上一节我们知道，数组 data 中每 4 个数存储着 1 个像素的 RGBA 颜色值，这 4 个数分别是红（R）、绿（G）、蓝（B）、透明度（A）。

也就是说，如果 i 为整数，data[i + 0] 存储的是"红（R）"，data[i + 1] 存储的是"绿（G）"，data[i + 2] 存储的是"蓝（B）"，data[i + 3] 存储的是"透明度（A）"。如果想要实现颜色反转，我们只需要针对 RGBA 颜色取反就行，不需要考虑透明度（即 data[i + 3]）。

在这个例子中，我们还需要简单说明一下。例子中的图片大小为 120px×120px。cxt.drawImage(image, 10, 10); 表示在坐标（10,10）处绘制图片。getImageData(10, 10, 120, 120) 表示获取这张图片的所有像素数据，其中该图左上角坐标为（10,10）、宽度为 120px、高度为 120px。putImageData(imgData, 140, 10) 表示在坐标（140,10）处输出反转后的图片。

▌ 举例

```html
<!DOCTYPE html>
<html>
<head>
    <meta charset="utf-8" />
    <title></title>
    <script>
        function $$(id) {
            return document.getElementById(id);
        }
        window.onload = function () {
            var cnv = $$("canvas");
            var cxt = cnv.getContext("2d");

            var image = new Image();
            image.src = "images/princess.png";

            image.onload = function () {
                cxt.drawImage(image, 10, 10);
                var imgData = cxt.getImageData(10, 10, 60, 120);
                var data = imgData.data;
                //遍历每个像素
                for (var i = 0; i < data.length; i += 4) {
                    data[i + 0] = 255 - data[i + 0];
                    data[i + 1] = 255 - data[i + 1];
                    data[i + 2] = 255 - data[i + 2];
                }
                //在指定位置输出图片
                cxt.putImageData(imgData, 140, 10);
            }
        }
    </script>
</head>
<body>
    <canvas id="canvas" width="250" height="150" style="border:1px dashed gray;"></canvas>
</body>
</html>
```

预览效果如图 8-4 所示。

图 8-4 反转效果（一部分图片）

前一个例子我们使用 getImageData() 方法获取的是整张图片，在这个例子中我们获取的是图片的一部分。

8.3 黑白效果

黑白效果，也叫"灰度图（average）"，是指将彩色图片转换成黑白图片。实现算法是：首先取红、绿、蓝 3 个通道的平均值，也就是 (data[i + 0] + data[i + 1] +data[i + 2])/3，然后将 data[i + 0]、data[i + 1] 和 data[i + 2] 全部保存为这个平均值。

▶ 语法

```
for (var i = 0; i < data.length; i += 4)
{
    var average = (data[i + 0] + data[i + 1] + data[i + 2] + data[i + 3]) / 3;
    data[i + 0] = average;      //红
    data[i + 1] = average;      //绿
    data[i + 2] = average;      //蓝
}
```

▶ 举例

```
<!DOCTYPE html>
<html>
<head>
    <meta charset="utf-8" />
    <title></title>
    <script>
        function $$(id) {
            return document.getElementById(id);
        }
        window.onload = function () {
            var cnv = $$("canvas");
            var cxt = cnv.getContext("2d");

            var image = new Image();
            image.src = "images/princess.png";

            image.onload = function () {
```

```
        cxt.drawImage(image, 10, 10);
        var imgData = cxt.getImageData(10, 10, 120, 120);
        var data = imgData.data;
        //遍历每个像素
        for (var i = 0; i < data.length; i += 4) {
            var average = (data[i + 0] + data[i + 1] + data[i + 2] + data[i + 3]) / 3;
            data[i + 0] = average;    //红
            data[i + 1] = average;    //绿
            data[i + 2] = average;    //蓝
        }
        //在指定位置输出图片
        cxt.putImageData(imgData, 140, 10);
        }
    }
    </script>
</head>
<body>
    <canvas id="canvas" width="300" height="150" style="border:1px dashed gray;"></canvas>
</body>
</html>
```

预览效果如图 8-5 所示。

图 8-5　黑白效果（不够理想）

▰ 分析

```
var imgData = cxt.getImageData(10, 10, 120, 120);
var data = imgData.data;
```

首先，使用 getImageData() 方法获取图片的像素数据，并保存给变量 imgData。然后使用 imgData.data 获取图片的像素数据数组，并保存给变量 data。此时，变量 data 是一个数组。

```
for (var i = 0; i < data.length; i += 4) {
    var average = (data[i + 0] + data[i + 1] + data[i + 2] + data[i + 3]) / 3;
    data[i + 0] = average;    //红
    data[i + 1] = average;    //绿
    data[i + 2] = average;    //蓝
}
```

然后，使用 for 循环遍历像素数组，将 data[i + 0]、data[i + 1] 和 data[i + 2] 这 3 个重新赋值为三者的平均数。

不过上面这种黑白效果并不是很好，事实上我们还可以使用加权平均值的方式来实现。

▼ 举例：加权平均值

```
<!DOCTYPE html>
<html>
<head>
    <meta charset="utf-8" />
    <title></title>
    <script>
        function $$(id) {
            return document.getElementById(id);
        }
        window.onload = function () {
            var cnv = $$("canvas");
            var cxt = cnv.getContext("2d");

            var image = new Image();
            image.src = "images/princess.png";

            image.onload = function () {
                cxt.drawImage(image, 10, 10);
                var imgData = cxt.getImageData(10, 10, 120, 120);
                var data = imgData.data;
                //遍历每个像素
                for (var i = 0; i < data.length; i += 4) {
                    var grayscale = data[i] * 0.3 + data[i + 1] * 0.6 + data[i + 2] * 0.1;
                    data[i + 0] = grayscale;    //红
                    data[i + 1] = grayscale;    //绿
                    data[i + 2] = grayscale;    //蓝
                }
                //在指定位置输出图片
                cxt.putImageData(imgData, 140, 10);
            }
        }
    </script>
</head>
<body>
    <canvas id="canvas" width="300" height="150" style="border:1px dashed gray;"></canvas>
</body>
</html>
```

预览效果如图 8-6 所示。

图 8-6　黑白效果（比较理想）

▼ 分析

这种黑白效果比较好，小伙伴们可以自行调整一下权值来看看不同的效果，以便取一个最佳值。

8.4　亮度效果

亮度效果（brightness），是指让图片变得更亮或者更暗。实现算法很简单：将红、绿、蓝 3 个通道值，分别同时加上一个正值或负值。

▼ 语法

```
for (var i = 0; i < data.length; i += 4)
{
    var a = 50;
    data[i + 0] += a;
    data[i + 1] += a;
    data[i + 2] += a;
}
```

▼ 举例

```
<!DOCTYPE html>
<html>
<head>
    <meta charset="utf-8" />
    <title></title>
    <script>
        function $$(id) {
            return document.getElementById(id);
        }
        window.onload = function () {
            var cnv = $$("canvas");
            var cxt = cnv.getContext("2d");

            var image = new Image();
            image.src = "images/princess.png";

            image.onload = function () {
                cxt.drawImage(image, 10, 10);
                var imgData = cxt.getImageData(10, 10, 120, 120);
                var data = imgData.data;
                //遍历每个像素
                for (var i = 0; i < data.length; i += 4) {
                    var a = 50;
                    data[i + 0] += a;
                    data[i + 1] += a;
                    data[i + 2] += a;
                }
                //在指定位置输出图片
                cxt.putImageData(imgData, 140, 10);
```

```
                }
            }
    </script>
</head>
<body>
    <canvas id="canvas" width="300" height="150" style="border:1px dashed gray;"></canvas>
</body>
</html>
```

预览效果如图 8-7 所示。

图 8-7　亮度效果（a 的值为 50）

当我们把 a 的值改为 –50 时，预览效果如图 8-8 所示。

图 8-8　亮度效果（a 的值为 –50）

8.5　复古效果

复古效果（sepia），是指使得图片有一种古旧的效果。实现算法是：分别取红、绿、蓝这 3 个通道值的某种加权平均值。

▌ 语法

```
for (var i = 0; i < data.length; i += 4) {
    var r = data[i + 0];
    var g = data[i + 1];
    var b = data[i + 2];
```

```
        data[i + 0] = r * 0.39 + g * 0.76 + b * 0.18;
        data[i + 1] = r * 0.35 + g * 0.68 + b * 0.16;
        data[i + 2] = r * 0.27 + g * 0.53 + b * 0.13;
}
```

▍举例

```html
<!DOCTYPE html>
<html>
<head>
    <meta charset="utf-8" />
    <title></title>
    <script>
        function $$(id) {
            return document.getElementById(id);
        }
        window.onload = function () {
            var cnv = $$("canvas");
            var cxt = cnv.getContext("2d");

            var image = new Image();
            image.src = "images/princess.png";

            image.onload = function () {
                cxt.drawImage(image, 10, 10);
                var imgData = cxt.getImageData(10, 10, 120, 120);
                var data = imgData.data;
                //遍历每个像素
                for (var i = 0; i < data.length; i += 4) {
                    var r = data[i + 0];
                    var g = data[i + 1];
                    var b = data[i + 2];

                    data[i + 0] = r * 0.39 + g * 0.76 + b * 0.18;
                    data[i + 1] = r * 0.35 + g * 0.68 + b * 0.16;
                    data[i + 2] = r * 0.27 + g * 0.53 + b * 0.13;
                }
                //在指定位置输出图片
                cxt.putImageData(imgData, 140, 10);
            }
        }
    </script>
</head>
<body>
    <canvas id="canvas" width="300" height="150" style="border:1px dashed gray;"></canvas>
</body>
</html>
```

预览效果如图 8-9 所示。

图 8-9　复古效果

▌ 分析

```
var imgData = cxt.getImageData(10, 10, 120, 120);
var data = imgData.data;
```

首先，使用 getImageData() 方法获取图片的像素数据，并保存给变量 imgData。然后使用 imgData.data 获取图片的像素数据数组，并保存给变量 data。此时，变量 data 是一个数组。

```
for (var i = 0; i < data.length; i += 4) {
    var r = data[i + 0];
    var g = data[i + 1];
    var b = data[i + 2];
    data[i + 0] = r * 0.39 + g * 0.76 + b * 0.18;
    data[i + 1] = r * 0.35 + g * 0.68 + b * 0.16;
    data[i + 2] = r * 0.27 + g * 0.53 + b * 0.13;
}
```

然后，使用 for 循环遍历像素数组 data，分别取红、绿、蓝这 3 个通道值的某种加权平均值。其实，这些权值是可以随便取的，不过也有一定的大小规律（参考这个例子的取值情况），大家在本地编辑器自行尝试修改权值来测试一下。

8.6　红色蒙版

红色蒙版，指的是让图片呈现一种偏红的效果。实现算法是：将红通道（R）赋值为红、绿、蓝 3 个通道的平均值，并且将绿通道、蓝通道都赋值为 0。

▌ 语法

```
for (var i = 0; i < data.length; i += 4)
{
    var r = data[i + 0];
    var g = data[i + 1];
    var b = data[i + 2];

    var average = (r + g + b) / 3;
    data[i + 0] = average;
    data[i + 1] = 0;
    data[i + 2] = 0;
}
```

▐ 举例

```html
<!DOCTYPE html>
<html>
<head>
    <meta charset="utf-8" />
    <title></title>
    <script>
        function $$(id) {
            return document.getElementById(id);
        }
        window.onload = function () {
            var cnv = $$("canvas");
            var cxt = cnv.getContext("2d");

            var image = new Image();
            image.src = "images/princess.png";

            image.onload = function () {
                cxt.drawImage(image, 10, 10);
                var imgData = cxt.getImageData(10, 10, 120, 120);
                var data = imgData.data;
                //遍历每个像素
                for (var i = 0; i < data.length; i += 4) {
                    var r = data[i + 0];
                    var g = data[i + 1];
                    var b = data[i + 2];

                    var average = (r + g + b) / 3;
                    data[i + 0] = average;
                    data[i + 1] = 0;
                    data[i + 2] = 0;
                }
                //在指定位置输出图片
                cxt.putImageData(imgData, 140, 10);
            }
        }
    </script>
</head>
<body>
    <canvas id="canvas" width="300" height="150" style="border:1px dashed gray;"></canvas>
</body>
</html>
```

预览效果如图 8-10 所示。

图 8-10　红色蒙版效果

▶ 分析

```
var imgData = cxt.getImageData(10, 10, 120, 120);
var data = imgData.data;
```

首先，使用 getImageData() 方法获取图片的像素数据，并保存给变量 imgData。然后使用 imgData.data 获取图片的像素数据数组，并保存给变量 data。此时，变量 data 是一个数组。

```
for (var i = 0; i < data.length; i += 4)
{
    var r = data[i + 0];
    var g = data[i + 1];
    var b = data[i + 2];

    var average = (r + g + b) / 3;
    data[i + 0] = average;
    data[i + 1] = 0;
    data[i + 2] = 0;
}
```

然后，使用 for 循环遍历像素数组 data，将红通道（R）赋值为红、绿、蓝 3 个通道的平均值，并且将绿通道、蓝通道都赋值为 0。通过这个技巧，我们同样也可以实现类似效果的绿色蒙版、蓝色蒙版等。

8.7 透明处理

在得到像素数组后，将该数组中每一个像素的透明度乘以 n，然后保存像素数组，最后使用 putImageData() 方法将图像重新绘制在画布上。

▶ 语法

```
for (var i = 0; i < data.length; i += 4)
{
    data[i + 3] = data[i + 3]*n;
}
```

▶ 说明

n 取值范围为 0.0~1.0。

▶ 举例

```
<!DOCTYPE html>
<html>
<head>
    <meta charset="utf-8" />
    <title></title>
    <script>
        function $$(id) {
            return document.getElementById(id);
        }
        window.onload = function () {
```

```
        var cnv = $$("canvas");
        var cxt = cnv.getContext("2d");

        var image = new Image();
        image.src = "images/princess.png";

        image.onload = function () {
            cxt.drawImage(image, 10, 10);
            var imgData = cxt.getImageData(10, 10, 120, 120);
            var data = imgData.data;
            //遍历每个像素
            for (var i = 0; i < data.length; i += 4) {
                data[i + 3] = data[i + 3] * 0.3;
            }
            //在指定位置输出图片
            cxt.putImageData(imgData, 140, 10);
        }
    }
    </script>
</head>
<body>
    <canvas id="canvas" width="300" height="150" style="border:1px dashed gray;"></canvas>
</body>
</html>
```

预览效果如图 8-11 所示。

图 8-11　透明效果

▌ 分析

对于透明效果，有些小伙伴可能想到使用 cxt.globalAlpha 来处理。其实这种做法是错误的，因为 cxt.globalAlpha 会对整个 Canvas 起作用，这与预期效果是不一样的。我们预期的效果是只将图片透明化，而不希望 Canvas 中其他位置的透明度也跟着改变。

8.8　createImageData() 方法

在 Canvas 中，除了 getImageData() 和 putImageData() 方法，我们还有一种像素操作的方法：createImageData()。

createImageData() 方法用于在画布中创建一个区域，我们可对这个区域进行像素操作。如果没有创建像素操作区域，我们是没办法进行像素操作的。

语法

```
cxt.createImageData(sw,sh);          //第1种格式
cxt.createImageData(imageData);      //第2种格式
```

说明

createImageData() 方法有以下 2 种语法格式。

- 第 1 种格式：接收两个参数，sw 和 sh 分别表示要创建区域的宽度和高度。
- 第 2 种格式：接收一个像素对象，表示要“创建区域”的宽度和高度与这个“像素对象”的宽度和高度相等。

配合使用 getImageData() 和 putImageData() 方法可以对“一张图片”进行像素操作；而配合使用 createImageData() 和 putImageData() 方法可以对“一个区域”进行像素操作。

举例：createImageData(sw,sh)

```
<!DOCTYPE html>
<html>
<head>
    <meta charset="utf-8" />
    <title></title>
    <script>
        function $$(id) {
            return document.getElementById(id);
        }
        window.onload = function () {
            var cnv = $$("canvas");
            var cxt = cnv.getContext("2d");

            var imgData = cxt.createImageData(100, 100);
            var data = imgData.data;
            for (var i = 0; i < 100 * 100 * 4; i += 4) {
                data[i + 0] = 0;
                data[i + 1] = 0;
                data[i + 2] = 255;
                data[i + 3] = 255;
            }
            cxt.putImageData(imgData, 20, 20);
        }
    </script>
</head>
<body>
    <canvas id="canvas" width="200" height="150" style="border:1px dashed gray;"></canvas>
</body>
</html>
```

预览效果如图 8-12 所示。

图 8-12　createImageData(sw,sh) 效果

▶ 分析

　　在这个例子中，首先使用 createImageData() 方法创建了一个 100px×100px 的区域，然后我们对这片区域进行像素操作。接着利用 for 循环语句把每个像素的红色和绿色通道都赋值为 0，蓝色通道赋值为 255。再利用 putImageData() 方法把像素放入画布显示出来。

▶ 举例：createImageData(imageData)

```html
<!DOCTYPE html>
<html>
<head>
    <meta charset="utf-8" />
    <title></title>
    <script>
        function $$(id) {
            return document.getElementById(id);
        }
        window.onload = function () {
            var cnv = $$("canvas");
            var cxt = cnv.getContext("2d");

            var image = new Image();
            image.src = "images/princess.png";

            image.onload = function () {
                cxt.drawImage(image, 0, 0, 60, 60);
                //获取一个图片的imgData
                var imgData1 = cxt.getImageData(0, 0, 60, 60);
                //将这个图片的imgData作为参数
                var imgData2 = cxt.createImageData(imgData1);
                var data = imgData2.data;
                for (var i = 0; i < imgData2.width * imgData2.height * 4; i += 4) {
                    data[i + 0] = 0;
                    data[i + 1] = 0;
                    data[i + 2] = 255;
                    data[i + 3] = 255;
                }
                cxt.putImageData(imgData2, 80, 0);
            }
```

```
            }
        </script>
    </head>
    <body>
        <canvas id="canvas" width="200" height="150" style="border:1px dashed gray;"></canvas>
    </body>
</html>
```

预览效果如图 8-13 所示。

图 8-13　createImageData(imageData) 效果

▶ 分析

在这个例子中，我们使用 createImageData() 方法创建了一个与图片一样大小的区域，然后对这个区域进行像素操作。记住，只有先使用 createImageData() 方法创建一个区域，我们才可以对该区域进行相应的像素操作。

总而言之，createImageData(sw,sh) 和 createImageData(imageData) 这两个方法都是用来创建一个区域的。只不过一个是我们自己定义宽和高，另外一个是复制其他图片的宽和高。

第 9 章 渐变与阴影

9.1 线性渐变

渐变，是一种很常见的页面效果，其中涉及 CSS3、Canvas、SVG 技术。对于 CSS3 和 SVG 中的渐变，可以参考绿叶学习网的 CSS3 教程和 SVG 教程。在 Canvas 中，渐变分为两种：线性渐变和径向渐变。这一节我们先介绍线性渐变。

线性渐变，指的是沿一条直线进行的渐变。在页面中，大多数渐变效果都是线性渐变。在 Canvas 中，我们可以配合使用 createLinearGradient() 和 addColorStop() 这两个方法来实现线性渐变。

语法

```
var gnt = cxt.createLinearGradient(x1, y1, x2, y2);
gnt.addColorStop(value1,color1);
gnt.addColorStop(value2,color2);
cxt.fillStyle = gnt;
cxt.fill();
```

说明

在 Canvas 中，想要实现线性渐变，需要以下 3 步。

① 调用 createLinearGradient() 方法创建一个 linearGradient 对象，并赋值给变量 gnt。

② 调用 linearGradient 对象（即 gnt）的 addColorStop() 方法 n 次：第 1 次表示渐变开始时的颜色；第 2 次表示渐变结束时的颜色；第 3 次则以第 2 次渐变结束时的颜色作为开始进行颜色渐变，依次类推。

③ 把 linearGradient 对象（即 gnt）赋值给 fillStyle 属性，并且调用 fill() 方法来绘制带有渐变色的图形。

其中，对于 var gnt = cxt.createLinearGradient(x1, y1, x2, y2); 这一行代码，x1、y1 分别表示渐变开始点的横、纵坐标，x2、y2 分别表示渐变结束点的横、纵坐标。也就是说，createLinearGradient(x1, y1, x2, y2) 表示绘制从点 (x1，y1) 到点 (x2，y2) 的线性渐变。开始点坐标和结束点

坐标之间有以下 3 种关系。

- ▶ 如果 y1 与 y2 相同，则表示沿着水平方向从左到右渐变。
- ▶ 如果 x1 与 x2 相同，则表示沿着垂直方向从上到下渐变。
- ▶ 如果 x1 与 x2 不相同，并且 y1 与 y2 也不相同，则表示渐变色沿着矩形对角线方向渐变。

这些关系我们不需要记忆，联系图 9-1 理解一下就行了。

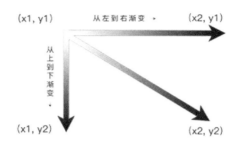

图 9-1 3 种常见的颜色渐变方向

```
gnt.addColorStop(value1,color1);
gnt.addColorStop(value2,color2);
```

在上述代码中，参数 value 表示渐变位置的偏移量，取值为 0~1 的任意值。value1 表示渐变开始位置，value2 表示渐变结束位置。

参数 color 表示渐变颜色，取值为任意颜色值（如十六进制颜色值、RGB 等）。color1 表示渐变开始时的颜色，color2 表示渐变结束时的颜色。

```
cxt.fillStyle = gnt;
cxt.fill();
```

在线性渐变中，fill() 可以改为 fillRect() 或 fillText()。其中 fillRect() 表示图形渐变，fillText() 表示文字渐变。

▶ 举例：图形渐变

```
<!DOCTYPE html>
<html>
<head>
    <meta charset="utf-8" />
    <title></title>
    <script>
        function $$(id) {
            return document.getElementById(id);
        }
        window.onload = function () {
            var cnv = $$("canvas");
            var cxt = cnv.getContext("2d");

            var gnt = cxt.createLinearGradient(0, 150, 200, 150);
            gnt.addColorStop(0, "HotPink");
            gnt.addColorStop(1, "white");
            cxt.fillStyle = gnt;
```

```
            cxt.fillRect(0, 0, 200, 150);
        }
    </script>
</head>
<body>
    <canvas id="canvas" width="200" height="150" style="border:1px dashed gray;"></canvas>
</body>
</html>
```

预览效果如图 9-2 所示。

图 9-2　横向的线性渐变

▼ 分析

当我们将代码改为 var gnt = cxt.createLinearGradient(200,0, 200, 150); 时，预览效果如图
9-3 所示。

图 9-3　纵向的线性渐变

当我们将代码改为 var gnt = cxt.createLinearGradient(0, 0, 200, 150); 时，预览效果如图
9-4 所示。

图 9-4　对角线方向的线性渐变

此外，我们也可以先绘制圆或多边形，然后再使用线性渐变，大家自行尝试。

▌ 举例：文字渐变

```html
<!DOCTYPE html>
<html>
<head>
    <meta charset="utf-8" />
    <title></title>
    <script>
        function $$(id) {
            return document.getElementById(id);
        }
        window.onload = function () {
            var cnv = $$("canvas");
            var cxt = cnv.getContext("2d");

            var text = "绿叶学习网";
            cxt.font = "bold 50px 微软雅黑";

            var gnt = cxt.createLinearGradient(0, 75, 200, 75);
            gnt.addColorStop(0, "HotPink");
            gnt.addColorStop(1, "LightSkyBlue");

            cxt.fillStyle = gnt;
            cxt.fillText(text, 10, 90);
        }
    </script>
</head>
<body>
    <canvas id="canvas" width="270" height="150" style="border:1px dashed gray"></canvas>
</body>
</html>
```

预览效果如图 9-5 所示。

图 9-5　文字横向的线性渐变

▌ 分析

当我们将代码改为 var gnt = cxt.createLinearGradient(100, 0, 100, 150); 时，预览效果如图 9-6 所示。

图 9-6　文字纵向的线性渐变

当我们将代码改为 var gnt = cxt.createLinearGradient(0,0, 200, 150); 时，预览效果如图 9-7 所示。

图 9-7　文字对角线方向的线性渐变

9.2　径向渐变

径向渐变，是一种颜色从内到外进行的圆形渐变（从中间向外拉，像圆一样）。径向渐变是圆形或椭圆形渐变，颜色不再沿着一条直线渐变，而是从一个起点向所有方向渐变。

在 Canvas 中，我们可以配合使用 createRadialGradient() 和 addColorStop() 两个方法来实现径向渐变。

▼ 语法

```
var gnt = cxt.createRadialGradient(x1,y1,r1,x2,y2,r2);
gnt.addColorStop(value1,color1);
gnt.addColorStop(value2,color2);
cxt.fillStyle = gnt;
cxt.fill();
```

▼ 说明

在 Canvas 中，想要实现径向渐变，需要以下 3 步。

① 调用 createLinearGradient() 方法创建一个 radialGradient 对象，并赋值给变量 gnt。

② 调用 radialGradient 对象（即 gnt）的 addColorStop() 方法 n 次：第 1 次表示渐变开始时的颜色；第 2 次表示渐变结束时的颜色；第 3 次则以第 2 次渐变结束时的颜色作为开始颜色进行渐变，依次类推。

③ 把 radialGradient 对象（即 gnt）赋值给 fillStyle 属性，并且调用 fill() 方法来绘制有渐变色的图形。

(x1，y1) 表示渐变开始时圆心的坐标，r1 表示渐变开始时圆的半径。

(x2，y2) 表示渐变结束时圆心的坐标，r2 表示渐变结束时圆的半径。

其中，var gnt = cxt.createRadialGradient(x1,y1,r1,x2,y2,r2); 这一行代码，表示调用 createLinearGradient() 方法，从渐变开始的圆心位置 (x1，y1) 向渐变结束的圆心位置 (x2，y2) 进行颜色渐变。起点为开始圆心，终点为结束圆心，由起点向终点扩散，直至终点外边框。

也就是说，createRadialGradient(x1,y1,r1,x2,y2,r2) 表示从圆心为 (x1，y1)、半径为 r1 的圆到圆心为 (x2，y2)、半径为 r2 的圆的径向渐变。

```
gnt.addColorStop(value1,color1);
gnt.addColorStop(value2,color2);
```

在上述代码中，参数 value 表示渐变位置，取值为 0~1 的任意值。value1 表示渐变开始位置，value2 表示渐变结束位置。

参数 color 表示渐变的颜色，取值为任意颜色值（如十六进制颜色值、RGBA 等）。color1 表示渐变开始时的颜色，color2 表示渐变结束时的颜色。

```
cxt.fillStyle = gnt;
cxt.fill();
```

在上述代码中，我们把 gnt 赋值给 fillStyle 属性，然后再使用 fill() 方法。

从图 9-8 可以看到，左边为起点圆（x1，y1）和终点圆（x2，y2），中间为 3 种渐变色的位置（0.0、0.9、1.0），右边为渐变后的效果。

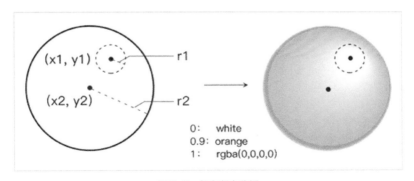

图 9-8　径向渐变分析

▼ 举例

```
<!DOCTYPE html>
<html>
<head>
    <meta charset="utf-8" />
    <title></title>
    <script>
        function $$(id) {
            return document.getElementById(id);
```

```
            }
            window.onload = function () {
                var cnv = $$("canvas");
                var cxt = cnv.getContext("2d");

                //画圆
                cxt.beginPath();
                cxt.arc(80, 80, 50, 0, Math.PI * 2, true);
                cxt.closePath();
                //渐变
                var gnt = cxt.createRadialGradient(100, 60, 10, 80, 80, 50);
                gnt.addColorStop(0, "white");
                gnt.addColorStop(0.9, "orange");
                gnt.addColorStop(1, "rgba(0,0,0,0)");
                //填充
                cxt.fillStyle = gnt;
                cxt.fill();
            }
        </script>
    </head>
    <body>
        <canvas id="canvas" width="200" height="150" style="border:1px dashed gray"></canvas>
    </body>
</html>
```

预览效果如图 9-9 所示。

图 9-9　蛋黄渐变

▼ 分析

一个蛋黄就这样诞生了！是不是感觉相当酷呢？对于这种蛋黄渐变效果，我们只需要运行几句简单的径向渐变代码就可以轻松实现。

▼ 举例

```
<!DOCTYPE html>
<html>
<head>
    <meta charset="utf-8" />
    <title></title>
    <script>
```

```
        function $$(id) {
            return document.getElementById(id);
        }
        window.onload = function () {
            var cnv = $$("canvas");
            var cxt = cnv.getContext("2d");

            gradient = cxt.createRadialGradient(60, 60, 0, 60, 60, 60);
            gradient.addColorStop("0", "magenta");
            gradient.addColorStop("0.25", "blue");
            gradient.addColorStop("0.50", "green");
            gradient.addColorStop("0.75", "yellow");
            gradient.addColorStop("1.0", "HotPink");
            cxt.fillStyle = gradient;
            cxt.fillRect(0, 0, 120, 120);
        }
    </script>
</head>
<body>
    <canvas id="canvas" width="200" height="150" style="border:1px dashed gray;"></canvas>
</body>
</html>
```

预览效果如图 9-10 所示。

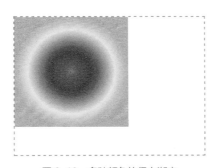

图 9-10　多种颜色的径向渐变

▼ 分析

从图 9-10 中可以知道，当起点圆与终点圆的圆心坐标相同时，会有一种圆形渐变的效果。这个技巧非常好用，接下来我们再来看一个复杂的例子。

▼ 举例

```
<!DOCTYPE html>
<html>
<head>
    <meta charset="utf-8" />
    <title></title>
    <script>
        function $$(id) {
            return document.getElementById(id);
```

```
        }
        window.onload = function () {
            var cnv = $$("canvas");
            var cxt = cnv.getContext("2d");

            var i = 0;
            setInterval(function () {
                gradient = cxt.createRadialGradient(60, 60, 0, 60, 60, 60);
                gradient.addColorStop(i * 0, "magenta");
                gradient.addColorStop(i * 0.25, "blue");
                gradient.addColorStop(i * 0.50, "green");
                gradient.addColorStop(i * 0.75, "yellow");
                gradient.addColorStop(i * 1.0, "HotPink");
                cxt.fillStyle = gradient;

                i = i + 0.1;
                if (i >= 1) { //超过颜色点值后，自动归0
                    i = 0;
                }
                cxt.fillRect(0, 0, 120, 120);
            }, 50);
        }
    </script>
</head>
<body>
    <canvas id="canvas" width="200" height="150" style="border:1px dashed gray;"></canvas>
</body>
</html>
```

预览效果如图 9-11 所示。

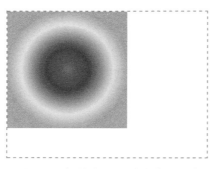

图 9-11　多种颜色的径向渐变（动态图）

▌ 分析

这是一个动态图，小伙伴们记得下载本书的源代码文件，然后在本地浏览器查看实际效果，这样才会有直观的感受。

径向渐变在 Canvas 开发中很少会用到。因此，我们只需要重点掌握线性渐变。

9.3 阴影

阴影，也是一种很常见的页面效果。在 Canvas 中，我们可以使用阴影属性来为图形、文字等添加阴影效果。如果有小伙伴接触过 CSS3 中的阴影效果，这一节就非常简单了。对于 CSS3 的内容，可以关注本系列的《从 0 到 1：HTML5+CSS3 修炼之道》。

在 Canvas 中，常见的阴影属性如表 9-1 所示。

表 9-1　Canvas 中的阴影属性

属性	说明
shadowOffsetX	阴影与图形的水平距离，默认值为 0。大于 0 时向右偏移，小于 0 时向左偏移
shadowOffsetY	阴影与图形的垂直距离，默认值为 0。大于 0 时向下偏移，小于 0 时向上偏移
shadowColor	阴影的颜色，默认为黑色
shadowBlur	阴影的模糊值，默认值为 0。该值越大，模糊度越强；该值越小，模糊度越弱

特别注意一下，Canvas 中的阴影属性使用的也是 W3C 坐标系，如图 9-12 所示。

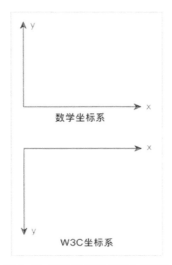

图 9-12　数学坐标系和 W3C 坐标系

▼ 举例：图形阴影

```
<!DOCTYPE html>
<html>
<head>
    <meta charset="utf-8" />
    <title></title>
    <script>
        function $$(id) {
            return document.getElementById(id);
```

```
        }
        //定义绘制图形的函数
        window.onload = function () {
            var cnv = $$("canvas");
            var cxt = cnv.getContext("2d");

            //设置左上方向的阴影
            cxt.shadowOffsetX = -5;
            cxt.shadowOffsetY = -5;
            cxt.shadowColor = "LightSkyBlue ";
            cxt.shadowBlur = 1;
            cxt.fillStyle = "HotPink";
            cxt.fillRect(30, 30, 50, 50);

            //设置右下方向的阴影
            cxt.shadowOffsetX = 5;
            cxt.shadowOffsetY = 5;
            cxt.shadowColor = "LightSkyBlue ";
            cxt.shadowBlur = 10;
            cxt.fillStyle = "HotPink";
            cxt.fillRect(100, 30, 50, 50);
        }
    </script>
</head>
<body>
    <canvas id="canvas" width="200" height="150" style="border:1px dashed gray;"></canvas>
</body>
</html>
```

预览效果如图 9-13 所示。

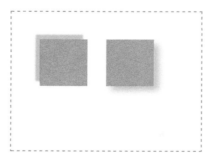

图 9-13 图形阴影

▛ 举例：文字阴影

```
<!DOCTYPE html>
<html>
<head>
    <meta charset="utf-8" />
    <title></title>
    <script>
        function $$(id) {
```

```
            return document.getElementById(id);
        }
        window.onload = function () {
            var cnv = $$("canvas");
            var cxt = cnv.getContext("2d");

            //定义文字
            var text = "绿叶学习网";
            cxt.font = "bold 60px 微软雅黑";

            //定义阴影
            cxt.shadowOffsetX = 5;
            cxt.shadowOffsetY = 5;
            cxt.shadowColor = "LightSkyBlue ";
            cxt.shadowBlur = 10;

            //填充文字
            cxt.fillStyle = "HotPink";
            cxt.fillText(text, 10, 90);
        }
    </script>
</head>
<body>
    <canvas id="canvas" width="320" height="150" style="border:1px dashed gray"></canvas>
</body>
</html>
```

预览效果如图 9-14 所示。

图 9-14　文字阴影

▶ 举例：图片阴影

```
<!DOCTYPE html>
<html>
<head>
    <meta charset="utf-8" />
    <title></title>
    <script>
        function $$(id) {
            return document.getElementById(id);
        }
        window.onload = function () {
            var cnv = $$("canvas");
            var cxt = cnv.getContext("2d");
```

```
        //创建image对象
        var image = new Image();
        image.src = "images/princess.png";

        image.onload = function () {
            //定义阴影
            cxt.shadowOffsetX = 5;
            cxt.shadowOffsetY = 5;
            cxt.shadowColor = "HotPink";
            cxt.shadowBlur = 10;
            cxt.fillRect(40, 15, 120, 120);

            cxt.drawImage(image, 40, 15);
        }
    }
    </script>
</head>
<body>
    <canvas id="canvas" width="200" height="150" style="border:1px dashed gray;"></canvas>
</body>
</html>
```

预览效果如图 9-15 所示。

图 9-15　图片阴影

▚ 分析

在这个例子中，我们给图片添加了一种阴影效果。小伙伴们要注意一下，fillRect() 和 drawImage() 这两个方法的坐标取值是相同的，这是因为我们要使得绘制出来的阴影大小与图片大小一样。

有些小伙伴就有疑问了："假如我们想要实现图 9-16 这种 4 个方向的阴影效果，该怎么做呢？"很简单，我们只需要将 shadowOffsetX 和 shadowOffsetY 这两个属性的值定义为 0 就可以了。

图 9-16　CSS3 中 4 个方向的阴影效果

▍举例：4 个方向的阴影效果

```html
<!DOCTYPE html>
<html>
<head>
    <meta charset="utf-8" />
    <title></title>
    <script>
        function $$(id) {
            return document.getElementById(id);
        }
        window.onload = function () {
            var cnv = $$("canvas");
            var cxt = cnv.getContext("2d");

            //创建image对象
            var image = new Image();
            image.src = "images/princess.png";

            image.onload = function () {
                //定义阴影
                cxt.shadowOffsetX = 0;
                cxt.shadowOffsetY = 0;
                cxt.shadowColor = "HotPink";
                cxt.shadowBlur = 10;
                cxt.fillRect(40, 15, 120, 120);

                cxt.drawImage(image, 40, 15);
            }
        }
    </script>
</head>
<body>
    <canvas id="canvas" width="200" height="150" style="border:1px dashed gray;"></canvas>
</body>
</html>
```

预览效果如图 9-17 所示。

图 9-17　4 个方向的阴影效果

▍分析

shadowOffsetX（阴影水平偏移）和 shadowOffsetY（阴影垂直偏移）这两个属性的值同时被定义为 0 时，就能实现 4 个方向的阴影效果。这是一个非常有用的技巧，在实际开发中会经常用到。

第 10 章

Canvas 路径

10.1 什么是路径？

在 Canvas 中，"路径"是一个非常重要的概念。除了矩形，其他所有的 Canvas 基本图形，包括直线、多边形、圆形、弧线、贝塞尔曲线，都是以路径为基础的。

Canvas 为我们提供了 3 种操作路径的方法，如表 10-1 所示。

表 10-1　Canvas 中操作路径的方法

方法	说明
beginPath()	开始一条新的路径
closePath()	关闭当前路径
isPointInPath()	判断某一个点是否存在于当前路径内

接下来我们给大家详细介绍这 3 种方法的使用，学完之后，大家就会知道路径是怎样一回事了。

10.2　beginPath() 方法和 closePath() 方法

在之前的学习中我们知道，使用 beginPath() 方法可以来开始一个新路径，使用 closePath() 方法可以关闭当前路径。

因为路径是针对 Canvas 基本图形的绘制而言的，所以 beginPath() 和 closePath() 方法也只运用于 Canvas 基本图形。小伙伴们要非常清楚这一点喔。

10.2.1　beginPath() 方法

在 Canvas 中，我们可以使用 beginPath() 方法来开始一个新路径。

▼ 语法

```
cxt.beginPath();
```

举例

```
<!DOCTYPE html>
<html>
<head>
    <meta charset="utf-8" />
    <title></title>
    <script>
        function $$(id) {
            return document.getElementById(id);
        }
        window.onload = function () {
            var cnv = $$("canvas");
            var cxt = cnv.getContext("2d");

            cxt.lineWidth = 5;

            //第1条直线
            cxt.moveTo(50, 40);
            cxt.lineTo(150, 40);
            cxt.strokeStyle = "red";
            cxt.stroke();

            //第2条直线
            cxt.moveTo(50, 80);
            cxt.lineTo(150, 80);
            cxt.strokeStyle = "green";
            cxt.stroke();

            //第3条直线
            cxt.moveTo(50, 120);
            cxt.lineTo(150, 120);
            cxt.strokeStyle = "blue";
            cxt.stroke();
        }
    </script>
</head>
<body>
    <canvas id="canvas" width="200" height="150" style="border:1px dashed gray"></canvas>
</body>
</html>
```

预览效果如图 10-1 所示。

图 10-1 没有使用 beginPath() 的效果

▨ 分析

Canvas 是基于"状态"来绘制图形的。每一次绘制（使用 stroke() 或 fill()），Canvas 会检测整个程序定义的所有状态，这些状态包括 strokeStyle、fillStyle 和 lineWidth 等。当一个状态值没有被改变时，Canvas 就一直使用最初的值。当一个状态值被改变时，我们分两种情况考虑。

▶ 如果使用 beginPath() 开始一个新的路径，则不同路径使用不同的值。

▶ 如果没有使用 beginPath() 开始一个新的路径，则后面的值会覆盖前面的值（"后来者居上"原则）。

对于"状态"，我们会在"第 11 章 Canvas 状态"给大家详细介绍。

在这个例子中，由于 3 条直线都属于同一个路径，所以 cxt.strokeStyle = "green"; 会覆盖 cxt.strokeStyle = "red";，然后 cxt.strokeStyle = "blue"; 会覆盖 cxt.strokeStyle = "green";。因此 strokeStyle 属性最终取值为 blue，也就是说 3 条直线都是 blue。

记住，虽然这 3 条直线没有首尾连接，但是由于没有使用 beginPath() 方法，所以这 3 条直线属于同一条路径。也就是说，判断是否属于同一路径的标准是**是否使用了 beginPath() 方法，而不是视觉上是否有首尾连线**。

在这个例子中我们没有使用 beginPath() 方法，如果我们使用 beginPath() 方法开始一个新的路径，效果又是怎么样呢？再来看一个例子。

▨ 举例

```
<!DOCTYPE html>
<html>
<head>
    <meta charset="utf-8" />
    <title></title>
    <script>
        function $$(id) {
            return document.getElementById(id);
        }
        window.onload = function () {
            var cnv = $$("canvas");
            var cxt = cnv.getContext("2d");

            cxt.lineWidth = 5;

            //第1条直线
            cxt.beginPath();
            cxt.moveTo(50, 40);
            cxt.lineTo(150, 40);
            cxt.strokeStyle = "red";
            cxt.stroke();

            //第2条直线
            cxt.beginPath();
            cxt.moveTo(50, 80);
            cxt.lineTo(150, 80);
            cxt.strokeStyle = "green";
            cxt.stroke();

            //第3条直线
```

```
            cxt.beginPath();
            cxt.moveTo(50, 120);
            cxt.lineTo(150, 120);
            cxt.strokeStyle = "blue";
            cxt.stroke();
        }
    </script>
</head>
<body>
    <canvas id="canvas" width="200" height="150" style="border:1px dashed gray"></canvas>
</body>
</html>
```

预览效果如图 10-2 所示。

图 10-2　使用 beginPath() 的效果

▰ 分析

由于使用了 beginPath() 方法，所以此时三条直线位于不同的路径中。因此，不同路径中定义的状态不会像上一个例子那样发生覆盖。

在这个例子中，第一个 beginPath() 是可以省略的，效果不变。关于这一点，建议小伙伴们在本地编辑器中测试一下。不过为了代码的一致性，我们还是建议大家写上。

此外，由于 lineWidth 属性值在 3 条路径中都没有被改变，所以 Canvas 就一直使用最初的属性值。当然我们也可以尝试在不同的路径（即 beginPath() 后面）改变 lineWidth 属性值，看看效果如何。

在 Canvas 中，对于 beginPath() 方法我们总结出以下 4 点。

▶ 如果画出来的图形跟预期不一样，记得检查一下是否有合理地使用 beginPath() 方法。

▶ 判断开始一个新路径的唯一标准是"是否使用 beginPath() 方法"，而不是视觉上的首尾相连。

▶ 使用以下方法只是绘制图形，并不会开始新路径: moveTo()、lineTo()、strokeRect()、fillRect()、rect()、arc()、arcTo()、quadricCurveTo() 和 bezierCurveTo()。

▶ Canvas 中的绘制方法，如 stroke()、fill() 等，都是以"之前最近的 beginPath()"后面所有定义的状态为基础进行绘制的。

10.2.2　closePath() 方法

在 Canvas 中，我们可以使用 closePath() 方法来关闭当前路径。

语法

```
cxt.closePath();
```

说明

“关闭路径”并不等于“结束路径”。所谓的“关闭路径”，是指将同一个路径的起点与终点连接起来，使其成为一个封闭的图形；所谓的“结束路径”，是指开始一个新的路径。

“关闭”指的是“封闭”,“结束”指的是“新的开始”。大家一定要认真区分“关闭路径”和“结束路径”的不同。如果我们想要“结束路径”，即开始新的路径，只有一个方法：beginPath()。

举例

```
<!DOCTYPE html>
<html>
<head>
    <meta charset="utf-8" />
    <title></title>
    <script>
        function $$(id) {
            return document.getElementById(id);
        }
        window.onload = function () {
            var cnv = $$("canvas");
            var cxt = cnv.getContext("2d");

            cxt.arc(70, 70, 50, 0, -90 * Math.PI / 180, true);
            cxt.stroke();
        }
    </script>
</head>
<body>
    <canvas id="canvas" width="200" height="150" style="border:1px dashed gray;"></canvas>
</body>
</html>
```

预览效果如图10-3所示。

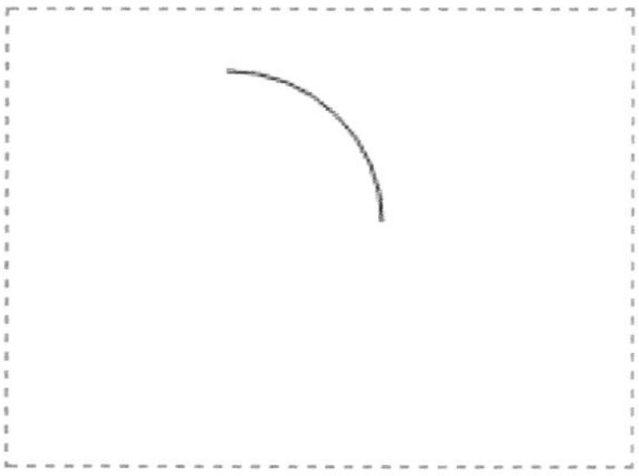

图10-3 没有使用closePath()的效果

▐ 分析

当我们在 arc() 方法之后添加 cxt.closePath();，此时预览效果如图 10-4 所示。

图 10-4　使用了 closePath() 的效果

从中我们知道，closePath() 方法的作用是连接起点与终点，使其成为一个封闭的图形，也就是"关闭路径"。

▐ 举例

```
<!DOCTYPE html>
<html>
<head>
    <meta charset="utf-8" />
    <title></title>
    <script>
        function $$(id) {
            return document.getElementById(id);
        }
        window.onload = function () {
            var cnv = $$("canvas");
            var cxt = cnv.getContext("2d");

            cxt.moveTo(40, 60);
            cxt.lineTo(100, 60);
            cxt.lineTo(100, 30);
            cxt.lineTo(150, 75);
            cxt.lineTo(100, 120);
            cxt.lineTo(100, 90);
            cxt.lineTo(40, 90);
            cxt.stroke();
        }
    </script>
</head>
<body>
    <canvas id="canvas" width="200" height="150" style="border:1px dashed gray;"></canvas>
</body>
</html>
```

预览效果如图 10-5 所示。

图 10-5　箭头

▌ 分析

如果想要使得上面的多边形成为一个闭合的图形，有两种方法可以实现：lineTo() 和 closePath()。也就是说，在绘制多边形时，使用 closePath()，最后一个 lineTo() 是可以省略的，Canvas 会自动帮我们连接起点和终点。

那"关闭路径"和"结束路径"究竟有什么不同呢？我们再来看一个例子。

▌ 举例

```
<!DOCTYPE html>
<html>
<head>
    <meta charset="utf-8" />
    <title></title>
    <script>
        function $$(id) {
            return document.getElementById(id);
        }
        window.onload = function () {
            var cnv = $$("canvas");
            var cxt = cnv.getContext("2d");

            cxt.beginPath();
            cxt.strokeStyle = "red";
            cxt.arc(70, 70, 50, 0, -90 * Math.PI / 180, true);
            cxt.closePath();
            cxt.stroke();

            cxt.strokeStyle = "blue";
            cxt.arc(70, 120, 50, 0, -90 * Math.PI / 180, true);
            cxt.closePath();
            cxt.stroke();
        }
    </script>
</head>
<body>
    <canvas id="canvas" width="200" height="150" style="border:1px dashed gray;"></canvas>
```

```
</body>
</html>
```

预览效果如图 10-6 所示。

图 10-6 没有使用 beginPath() 的效果

▶ 分析

由于在第 2 个 arcTo() 方法之前没有使用 beginPath() 方法，所以两个 arcTo() 都处于同一个路径中。Canvas 是基于"状态"来绘制图形的。每一次绘制（使用 stroke() 或 fill()），Canvas 会检测整个程序定义的所有状态，因此最终两个 arcTo() 的 strokeStyle 属性取值都是 blue。分析思路如图 10-7 所示。

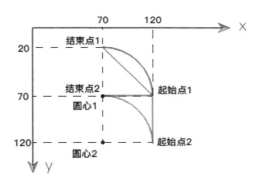

图 10-7 分析思路

```
cxt.beginPath();
cxt.strokeStyle = "red";
cxt.arc(70, 70, 50, 0, -90 * Math.PI / 180, true);
cxt.closePath();
cxt.stroke();

cxt.beginPath();
cxt.strokeStyle = "blue";
cxt.arc(70, 120, 50, 0, -90 * Math.PI / 180, true);
cxt.closePath();
cxt.stroke();
```

添加 beginPath() 后（代码如上），预览效果如图 10-8 所示。

图 10-8　使用了 beginPath() 的效果

在 Canvas 中，对于 closePath() 方法，我们需要注意以下 4 点。

▶ closePath() 是关闭路径，并不是结束路径。关闭路径，指的是连接起点与终点；结束路径，指的是开始新的路径。

▶ 如果 Canvas 只有一条线段的话，那么 closePath() 方法就什么都不做。

▶ 在 Canvas 中，只有 beginPath() 这一种方法可以开始新的路径。判断新路径的唯一标准为"是否使用 beginPath()"。

▶ closePath() 方法主要用于实现"封闭图形"，例如三角形、多边形、圆形、扇形等。然后，我们才能使用 fill() 方法来进行填充操作。

▌ 举例

```html
<!DOCTYPE html>
<html>
<head>
    <meta charset="utf-8" />
    <title></title>
    <script>
        function $$(id) {
            return document.getElementById(id);
        }
        window.onload = function () {
            var cnv = $$("canvas");
            var cxt = cnv.getContext("2d");

            cxt.lineWidth = 10;
            cxt.strokeStyle = "HotPink";

            cxt.moveTo(40, 60);
            cxt.lineTo(100, 60);
            cxt.lineTo(100, 30);
            cxt.lineTo(150, 75);
            cxt.lineTo(100, 120);
            cxt.lineTo(100, 90);
            cxt.lineTo(40, 90);
            cxt.lineTo(40, 60);
            cxt.stroke();
        }
```

```
        </script>
    </head>
    <body>
        <canvas id="canvas" width="200" height="150" style="border:1px dashed gray;"></canvas>
    </body>
</html>
```

预览效果如图10-9所示。

图10-9　有缺口的箭头

▼ 分析

在这个例子中，我们将 lineWidth 属性定义得足够大（10px），此时可以看出，如果使用 lineTo() 方法来封闭图形，会有一个如上图所示的"缺口"。想要解决这个小问题，我们有两种方法可以实现。

▶ 定义 lineCap 属性值为 "square"。

▶ 在使用 stroke() 方法之前使用 closePath() 关闭图形。

小伙伴们可以自行下载本书的源代码文件，然后测试一下效果。对于 beginPath() 和 closePath() 方法，最后总结一句：beginPath() 和 closePath() 方法不一定是配对使用的。如果需要开始新路径，就应该使用 beginPath() 方法；如果需要封闭图形（连接起点和终点），就应该使用 closePath() 方法。

10.3　isPointInPath() 方法

在 Canvas 中，我们可以使用 isPointInPath() 方法来判断某一个点是否存在于当前的路径中。

▼ 语法

```
cxt.isPointInPath(x , y);
```

▼ 说明

如果点 (x,y) 位于当前路径中，返回 true；如果点 (x,y) 不位于当前路径中，返回 false。

注意，isPointInPath() 方法不支持 Canvas 自带的两个方法 strokeRect() 和 fillRect()，只能使用 rect() 方法来代替。

▼ 举例

```
<!DOCTYPE html>
```

```
<html>
<head>
    <meta charset="utf-8" />
    <title></title>
    <script>
        function $$(id) {
            return document.getElementById(id);
        }
        window.onload = function () {
            var cnv = $$("canvas");
            var cxt = cnv.getContext("2d");

            cxt.strokeStyle = "HotPink";
            cxt.rect(50, 50, 80, 80);
            cxt.stroke();
            if (cxt.isPointInPath(100, 50)) {
                alert("点(100,100)存在于当前路径中");
            }
        }
    </script>
</head>
<body>
    <canvas id="canvas" width="200" height="150" style="border:1px dashed gray"></canvas>
</body>
</html>
```

预览效果如图 10-10 所示。

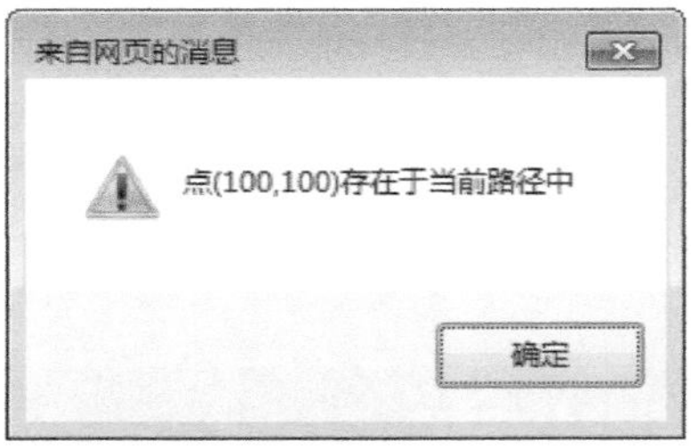

图 10-10 isPointInPath() 不支持 stokeRect()

分析

```
cxt.rect(50, 50, 80, 80);
cxt.stroke();
```

如果我们使用 cxt.strokeRect(50, 50, 80, 80); 来代替上述两句代码，会发现 isPointInPath() 是无效的。所以大家要记住：isPointInPath() 不支持 strokeRect() 和 fillRect()，而只支持 rect()。

举例

```
<!DOCTYPE html>
<html>
<head>
```

```
    <meta charset="utf-8" />
    <title></title>
    <script>
        function $$(id) {
            return document.getElementById(id);
        }
        window.onload = function () {
            var cnv = $$("canvas");
            var cxt = cnv.getContext("2d");

            cxt.moveTo(50, 50);
            cxt.lineTo(150, 50);
            cxt.stroke();
            if (cxt.isPointInPath(100, 50)) {
                alert("点(50,100)存在于当前路径中");
            }
        }
    </script>
</head>
<body>
    <canvas id="canvas" width="200" height="150" style="border:1px dashed gray"></canvas>
</body>
</html>
```

预览效果如图 10-11 所示。

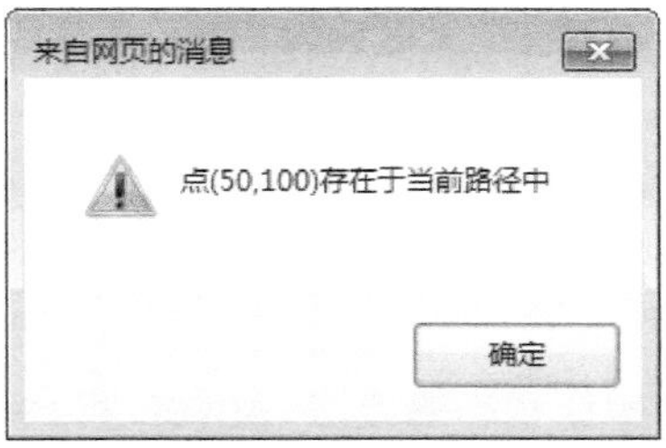

图 10-11 isPointInPath() 判断某个点

分析

上述代码只在 IE 中运行才有效果，在 Google 和 Firefox 浏览器中不会弹出对话框。实际上，当我们想要使用 isPointInPath() 方法判断某个点是否位于一条直线上时，在 Google 和 Firefox 浏览器中都是无法实现的。不过，我们可以使用 isPointInPath() 方法判断某个点是否位于一个图形（如矩形、圆形等）中。

第 11 章

Canvas 状态

11.1 什么是状态

除了路径，Canvas 中还有一个非常重要的概念：状态。路径和状态，这两个概念在 Canvas 中极其重要，小伙伴们记得花时间把它们彻底理解。

从上一章我们知道，Canvas 是基于"状态"来绘制图形的。每一次绘制，即使用 stroke() 方法或 fill() 方法，Canvas 会检测整个程序定义的所有状态，这些状态包括 strokeStyle、fillStyle 和 lineWidth 等。当一个状态值没有被改变时，Canvas 就一直使用最初的值。当一个状态值被改变时，我们分两种情况考虑。

- ▶ 如果使用 beginPath() 方法开始一个新的路径，则不同路径使用不同的值。
- ▶ 如果没有使用 beginPath() 方法开始一个新的路径，则后面的值会覆盖前面的值（"后来者居上"原则）。

Canvas 为我们提供了两个操作状态的方法：save() 和 restore()。在 Canvas 中，我们可以使用 save() 方法来保存当前状态，然后使用 restore() 方法来恢复之前保存的状态。save() 和 restore() 一般情况下都是成对配合使用的。

11.2 clip() 方法

在 Canvas 中，我们可以配合使用 clip() 方法和基本图形的绘制来指定一个剪切区域。这个剪切区域是由基本图形绘制出来的。当我们使用 clip() 方法指定剪切区域后，后面绘制的图形如果超出这个剪切区域，则超出部分不会被显示。

▼ 语法

```
cxt.clip();
```

▼ 说明

使用 clip() 方法之前，必须要在 Canvas 中绘制一个基本图形。然后调用 clip() 方法，这个基本图形就会变为一个剪切区域。

注意，跟之前学习的 isPointInPath() 方法一样，clip() 方法不支持 Canvas 自带的两个方法：strokeRect() 和 fillRect()，只能使用 rect() 方法来代替。小伙伴们要记住这个喔，不然以后出错了都不知道原因是什么。

▼ 举例

```html
<!DOCTYPE html>
<html>
<head>
    <meta charset="utf-8" />
    <title></title>
    <script>
        function $$(id) {
            return document.getElementById(id);
        }
        window.onload = function () {
            var cnv = $$("canvas");
            var cxt = cnv.getContext("2d");

            //绘制一个描边圆，圆心为（50,50），半径为40
            cxt.beginPath();
            cxt.arc(50, 50, 40, 0, 360 * Math.PI / 180, true);
            cxt.closePath();
            cxt.strokeStyle = "HotPink";
            cxt.stroke();

            //使用clip()，使得描边圆成为一个剪切区域
            cxt.clip();

            //绘制一个填充矩形
            cxt.beginPath();
            cxt.fillStyle = "#66CCFF";
            cxt.fillRect(50, 50, 100, 80);
        }
    </script>
</head>
<body>
    <canvas id="canvas" width="200" height="150" style="border:1px dashed gray;"></canvas>
</body>
</html>
```

预览效果如图 11-1 所示。

图 11-1　clip() 方法切割图形

▼ 分析

当我们把 cxt.clip(); 删除之后，预览效果如图 11-2 所示。

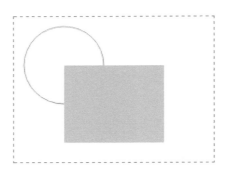

图 11-2　删除 cxt.clip(); 后的效果

从上面我们可以知道，使用 clip() 方法可以使得某一个基本图形成为一个"剪切区域"（这里的剪切区域是一个圆），从而使得后面绘制的图形都只限于这个剪切区域，超出剪切区域的部分就不会显示（也就是被剪切掉）。

形象地说，我们可以把整个画布（Canvas）看成一座房子，把 clip() 方法的剪切区域看成一扇窗户。根据生活经验我们都知道，即使房子再大，如果窗户很小，最终我们透过窗户所能看到的空间也就只有窗户那么大。

▼ 举例

```
<!DOCTYPE html>
<html>
<head>
    <meta charset="utf-8" />
    <title></title>
    <script>
        function $$(id) {
            return document.getElementById(id);
        }
        window.onload = function () {
            var cnv = $$("canvas");
            var cxt = cnv.getContext("2d");

            //绘制一个填充矩形
            cxt.beginPath();
            cxt.strokeStyle = " HotPink";
            cxt.strokeRect(20, 20, 100, 80);
            cxt.clip();

            //绘制一个描边圆，圆心为（120,60），半径为40
            cxt.beginPath();
            cxt.arc(120, 60, 40, 0, 360 * Math.PI / 180, true);
            cxt.closePath();
            cxt.fillStyle = " #66CCFF";
            cxt.fill();
```

```
        }
    </script>
</head>
<body>
    <canvas id="canvas" width="200" height="150" style="border:1px dashed gray;"></canvas>
</body>
</html>
```

预览效果如图 11-3 所示。

图 11-3 clip() 方法不支持 strokeRect() 方法

分析

如果我们使用 cxt.rect(20, 20, 100, 80);cxt.stroke(); 来代替 cxt.strokeRect(20, 20, 100, 80);，此时预览效果如图 11-4 所示。

图 11-4 clip() 方法只支持 rect() 方法

这个例子告诉我们，clip() 方法不支持 Canvas 自带的两个方法：strokeRect()、fillRect()。这两个方法会导致预想不到的 bug，因此我们需要使用 rect() 方法来代替它们。

11.3 save() 方法和 restore() 方法

在“6.4 切割图片”中使用 clip() 方法剪切区域时，其实有一个没有解决的问题：如果我们后面要取消剪切区域，然后绘制其他图形，该怎么做呢？此时，我们就需要用到 Canvas 中的 save() 和 restore() 这两个方法了。

在 Canvas 中，我们可以使用 save() 方法来保存当前状态，然后使用 restore() 方法来恢复之前保存的状态。save() 和 restore() 一般情况下都是成对使用的。

Canvas 状态的保存和恢复，主要用于以下 3 种场合。

- 图形或图片剪切。
- 图形或图片变形。
- 改变以下属性的时候：fillStyle、font、globalAlpha、globalCompositeOperation、lineCap、lineJoin、lineWidth、miterLimit、shadowBlur、shadowColor、shadowOffsetX、shadowOffsetY、strokeStyle、textAlign、textBaseline。

11.3.1 图形或图片剪切

在 Canvas 中，我们可以在图形或图片中剪切，即在使用 clip() 方法之前使用 save() 方法来保存当前状态，然后再剪切，即在使用 clip() 方法之后可以使用 restore() 方法恢复之前保存的状态。

举例

```
<!DOCTYPE html>
<html>
<head>
    <meta charset="utf-8" />
    <title></title>
    <script>
        function $$(id) {
            return document.getElementById(id);
        }
        window.onload = function () {
            var cnv = $$("canvas");
            var cxt = cnv.getContext("2d");

            //save()保存状态
            cxt.save();
            //使用clip()方法指定一个圆形的剪切区域
            cxt.beginPath();
            cxt.arc(70, 70, 50, 0, 360 * Math.PI / 180, true);
            cxt.closePath();
            cxt.stroke();
            cxt.clip();
            //绘制一张图片
            var image = new Image();
            image.src = "images/princess.png";
            image.onload = function () {
                cxt.drawImage(image, 10, 20);
            }
            $$("btn").onclick = function () {
                //restore()恢复状态
                cxt.restore();
                //清空画布
                cxt.clearRect(0, 0, cnv.width, cnv.height);
                //绘制一张新图片
                var image = new Image();
                image.src = "images/Judy.png";
                image.onload = function () {
                    cxt.drawImage(image, 10, 20);
                }
```

```
                }
            }
        </script>
    </head>
    <body>
        <canvas id="canvas" width="200" height="160" style="border:1px dashed gray;"></canvas><br />
        <input id="btn" type="button" value="绘制新图"/>
    </body>
</html>
```

预览效果如图 11-5 所示。

图 11-5　图片剪切

▧ 分析

当我们点击【绘制新图】按钮后，预览效果如图 11-6 所示。

图 11-6　点击【绘制新图】后的效果

如果我们把 cxt.save(); 和 cxt.restore(); 这两句代码删除，再点击【绘制新图】按钮，则预览效果如图 11-7 所示。

图 11-7　删除 cxt.save(); 和 cxt.restore(); 后的效果

也就是说，如果不使用 save() 和 restore() 方法，即便使用 clearRect() 方法清空画布，后面绘制的所有图形或图片也都会被限制在这个剪切区域内。

在这个例子中，一开始我们就使用了 save() 方法保存 Canvas 的状态，此时保存的状态是一种空状态，也就是没有经过剪切的状态。后面使用 restore() 方法来恢复的就是这个空状态。

使用 save() 和 restore() 这两个方法的位置也很有讲究，小伙伴们多多将这一节的例子对比思考一下。

此外，save() 和 restore() 方法不仅可以用于剪切图片，也可以用于剪切图形，请大家自行在本地编辑器中测试一下。

11.3.2　图形或图片变形

在 Canvas 中，我们可以在图形或者图片变形，即在使用 clip() 方法之前使用 save() 方法来保存当前状态，然后再变形，即在使用 clip() 方法之后使用 restore() 方法恢复之前保存的状态。

▼ 举例

```
<!DOCTYPE html>
<html>
<head>
    <meta charset="utf-8" />
    <title></title>
    <script>
        function $$(id) {
            return document.getElementById(id);
        }
        window.onload = function () {
            var cnv = $$("canvas");
            var cxt = cnv.getContext("2d");

            cxt.fillStyle = "HotPink";
            cxt.translate(30, 30);
            cxt.fillRect(0, 0, 100, 50);

            cxt.fillStyle = "LightSkyBlue ";
            cxt.translate(60, 60);
            cxt.fillRect(0, 0, 100, 50);
        }
    </script>
</head>
<body>
    <canvas id="canvas" width="200" height="150" style="border:1px dashed gray"></canvas>
</body>
</html>
```

预览效果如图 11-8 所示。

图 11-8　没有使用 save() 和 restore() 的图形平移

▌ 分析

在这个例子中，第 1 次调用 translate() 方法，也就是使用 cxt.translate(30, 30); 之后，矩形左上角坐标变为（30,30）。第 2 次调用 translate() 方法，也就是使用 cxt.translate(60, 60); 之后，矩形左上角坐标并不是变为（60,60），而是变为（90,90）。

如果想要使得第 2 次调用 translate() 方法时参考坐标原点发生移动，我们可以使用 save() 和 restore() 方法来实现。请看下面的例子。

▌ 举例

```html
<!DOCTYPE html>
<html>
<head>
    <meta charset="utf-8" />
    <title></title>
    <script>
        function $$(id) {
            return document.getElementById(id);
        }
        window.onload = function () {
            var cnv = $$("canvas");
            var cxt = cnv.getContext("2d");

            cxt.save();
            cxt.fillStyle = "HotPink";
            cxt.translate(30, 30);
            cxt.fillRect(0, 0, 100, 50);
            cxt.restore();

            cxt.fillStyle = "LightSkyBlue ";
            cxt.translate(60, 60);
            cxt.fillRect(0, 0, 100, 50);
        }
    </script>
</head>
<body>
    <canvas id="canvas" width="200" height="150" style="border:1px dashed gray"></canvas>
</body>
</html>
```

预览效果如图 11-9 所示。

图 11-9　使用了 save() 和 restore() 的图形平移

▼ 分析

在变形操作（平移、缩放和旋转）中，我们一般都是在操作之前使用 save() 方法保存当前状态，当前状态包括参考坐标、图形大小等。然后再使用 restore() 方法来恢复之前保存的状态。

save() 和 restore() 方法，在变形操作中会被大量用到。如果实际的变形操作效果跟预期效果有出入，记得检查是否进行了状态的保存和恢复。

11.3.3　状态属性的改变

在 Canvas 中，如果需要改变以下状态属性，我们可以在改变这些状态属性之前使用 save() 方法来保存状态，然后可以使用 restore() 方法恢复此状态。是否需要进行保存和恢复状态，取决于我们的开发需求。

这些状态属性包括：填充效果、描边效果、线条效果、文本效果、阴影效果和全局属性。

- ▶ 填充效果：fillStyle。
- ▶ 描边效果：strokeStyle。
- ▶ 线条效果：lineCap、lineJoin、lineWidth、miterLimit。
- ▶ 文本效果：font、textAlign、textBaseline。
- ▶ 阴影效果：shadowBlur、shadowColor、shadowOffsetX、shadowOffsetY。
- ▶ 全局属性：globalAlpha、globalCompositeOperation。

我们不需要记住这些状态属性，只需要简单了解即可。之所以这样划分，也是为了让大家有一个清晰的认识。

▼ 举例

```html
<!DOCTYPE html>
<html>
<head>
    <meta charset="utf-8" />
    <title></title>
    <script>
        function $$(id) {
            return document.getElementById(id);
        }
```

```
        window.onload = function () {
            var cnv = $$("canvas");
            var cxt = cnv.getContext("2d");

            var text = "绿叶学习网";
            cxt.font = "bold 20px 微软雅黑";

            cxt.fillStyle = "HotPink";
            cxt.save();                     //save()保存状态
            cxt.fillText(text, 50, 40);

            cxt.fillStyle = "LightSkyBlue ";
            cxt.fillText(text, 50, 80);

            cxt.restore();                  //restore()恢复状态
            cxt.fillText(text, 50, 120);
        }
    </script>
</head>
<body>
    <canvas id="canvas" width="200" height="150" style="border:1px dashed gray"></canvas>
</body>
</html>
```

预览效果如图 11-10 所示。

图 11-10　状态属性的改变

▶ 分析

如果我们把 cxt.save(); 和 cxt.restore(); 删除，此时预览效果如图 11-11 所示。注意，restore()
方法恢复的是之前的保存的状态。

图 11-11　删除 cxt.save(); 和 cxt.restore(); 后的效果

对于 save() 和 restore() 方法，我们可以总结出几个要点。

▶ save() 方法保存的状态包括 3 个：剪切状态、变形状态（一般指变换矩阵）和绘图状态。

▶ save() 方法不能保存路径状态，如果想要开始新的路径，只有使用 beginPath() 方法。

▶ save() 方法只能保存"状态"，不能保存"图形"。也就是说，如果我们想要用 save() 方法保存一个圆形，这是不可能的。由于 Canvas 中只有当前一个上下文环境，如果想要恢复图形，就只能清空画布再重绘。

第 12 章
其他应用

12.1 Canvas 对象

Canvas 对象，我们在之前的学习中已经接触很多了。由于 Canvas 对象有些属性和方法比较复杂，我们在本书开始时只是简单介绍了一些常用的部分。这样做也是为了让小伙伴们有一个循序渐进的学习过程，避免一上来就学得晕头转向。在这一节，我们会系统介绍 Canvas 对象。

在 Canvas 中，我们使用 document.getElementById() 来获取 Canvas 对象。

12.1.1 Canvas 对象属性

表 12-1 Canvas 对象常用的属性

属性	说明
width	Canvas 对象的宽度
height	Canvas 对象的高度

Canvas 对象常用的属性如表 12-1 所示。在实际开发中，通常使用 cnv.width 和 cnv.height 来获取 Canvas 对象的宽度和高度。例如，在文本居中时需要计算 Canvas 对象的宽度和高度，在使用 clearRect() 方法清空画布时也需要计算 Canvas 对象的宽度和高度。

▼ 举例

```
<!DOCTYPE html>
<html>
<head>
    <meta charset="utf-8" />
    <title></title>
    <style type="text/css">
        body{text-align:center;}
    </style>
```

```
<script>
    function $$(id) {
        return document.getElementById(id);
    }
    window.onload = function () {
        var cnv = $$("canvas");
        var cxt = cnv.getContext("2d");

        //绘制初始图形
        cxt.fillStyle = "#FF6699";
        cxt.fillRect(30, 30, 50, 50);

        $$("btn").onclick = function () {
            cxt.clearRect(0, 0, cnv.width, cnv.height);
            cxt.translate(10, 10);
            cxt.fillStyle = "#FF6699";
            cxt.fillRect(30, 30, 50, 50);
        }
    }
</script>
</head>
<body>
    <canvas id="canvas" width="200" height="150" style="border:1px dashed gray;"></canvas><br />
    <input id="btn" type="button" value="移动"/>
</body>
</html>
```

预览效果如图 12-1 所示。

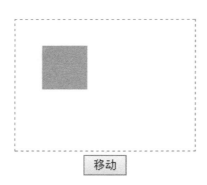

图 12-1   获取 Canvas 对象的宽度和高度

▌ 分析

当我们点击【移动】按钮时，会发现正方形在不断移动，此时不会保留没有移动之前的图形。使用 cxt.clearRect(0, 0, cnv.width, cnv.height); 来清空整个画布，这个技巧在实际开发中经常用到，特别是在开发 Canvas 动画时。

12.1.2 Canvas 对象方法

Canvas 对象的常用方法如表 12-2 所示。getContext("2d") 是用于获取 Canvas 2D 上下文环境对象的方法，小伙伴们已经烂熟于心了，在这里不再详细展开介绍。

表 12-2 Canvas 的常用对象方法

属性	说明
getContext("2d")	获取 Canvas 2D 上下文环境对象
toDataURL()	获取 Canvas 对象产生的位图的字符串

此外，在 Canvas 中，我们可以使用 toDataURL() 方法来将画布保存为一张图片。

语法

```
cnv.toDataURL(type);
```

说明

参数 type 是可选参数，表示输出的 MIME 类型。如果参数 type 被省略，将使用 "image/png" 类型。MIME 类型，是设定用一种应用程序来打开某种扩展名的文件的方式类型，当该扩展名文件被访问的时候，浏览器会自动使用指定的应用程序来将其打开。对于 MIME 类型，我们不需要深入学习，简单了解即可，有兴趣的小伙伴可以自行搜索。

举例

```
<!DOCTYPE html>
<html>
<head>
    <meta charset="utf-8" />
    <title></title>
    <script>
        function $$(id) {
            return document.getElementById(id);
        }
        window.onload = function () {
            var cnv = $$("canvas");
            var cxt = cnv.getContext("2d");

            //定义文字
            var text = "绿叶学习网";
            cxt.font = "bold 60px 微软雅黑";

            //定义阴影
            cxt.shadowOffsetX = 5;
            cxt.shadowOffsetY = 5;
            cxt.shadowColor = "#66CCFF";
            cxt.shadowBlur = 10;

            //填充文字
            cxt.fillStyle = "#FF6699";
```

```
                cxt.fillText(text, 10, 90);

                $$("btn").onclick = function () {
                    window.location.href = cnv.toDataURL("image/png");
                }
            }
        </script>
    </head>
    <body>
        <canvas id="canvas" width="320" height="150" style="border:1px dashed gray"></canvas><br />
        <input id="btn" type="button" value="保存图片" />
    </body>
</html>
```

预览效果如图 12-2 所示。

图 12-2　使用 toDataURL() 方法保存图片

▶ 分析

当我们点击【保存图片】按钮之后，此时在输出的图片上右击鼠标，可以将图片保存到本地，如图 12-3 所示。

图 12-3　点击【保存图片】按钮后效果

并且我们在浏览器地址栏可以看到这样的一个字符串：

data:image/png;base64,iVBORw0KGgo……JRU5ErkJggg==

其实，这样一个很长的字符串，就是一个 data URL。

使用 toDataURL() 方法将画布保存为图片，实际上是把 Canvas 当前的绘画状态输出到一个 data URL 地址所指向的数据中的过程。所谓的 data URL，是指目前能被大多数浏览器识别的

一种 Base64 位编码的 URL，主要用于可嵌入网页的、不需要从外部文件嵌入的小型数据，例如 img 元素的图片文件等。data URL 的格式如下，并且得到了大多数浏览器的支持。

```
data:image/png;base64,iVBORw0KGgo……JRU5ErkJggg==
```

使用 toDataURL() 方法，可以很容易地将画布转换为 data URL。data URL 存储的是图片的数据，那 data URL 有什么用呢？总体来说，有以下两个用处。

- 发送图片数据到 Web 服务器的数据库，进行长期保存。
- 在浏览器中直接打开，进行本地保存。

对于在浏览器中打开并进行本地保存，我们一般使用以下方法。

window.location = cnv.toDataURL("image/png");

可能很多小伙伴会说，我直接在 Canvas 上右击鼠标，也能把图片另存为本地图片，为什么还要那么麻烦地使用 toDataURL() 呢？事实上，很多旧版本的浏览器并不具备这个功能。因此为了兼容性，还是建议大家使用 toDataURL() 方法来处理。

12.2 globalAlpha 属性

在 Canvas 中，我们可以使用 globalAlpha 属性来定义 Canvas 环境的透明度。

语法

```
context.globalAlpha = 数值;
```

说明

globalAlpha 属性的默认值为 1.0（完全不透明），取值范围为 0.0~1.0。其中 0.0 表示完全透明，1.0 表示完全不透明。globalAlpha 属性必须在图形绘制之前定义才有效。

注意，定义 globalAlpha 属性之后，会对整个画布都起作用，因此我们在定义的时候要多加小心。

举例

```
<!DOCTYPE html>
<html>
<head>
    <meta charset="utf-8" />
    <title></title>
    <script>
        function $$(id) {
            return document.getElementById(id);
        }
        window.onload = function () {
            var cnv = $$("canvas");
            var cxt = cnv.getContext("2d");

            cxt.globalAlpha = "0.3";
            var text = "绿叶学习网";
            cxt.font = "20px bold 微软雅黑";
            cxt.fillStyle = "purple";
            cxt.fillText(text, 50, 40);
```

```
            cxt.fillStyle = "HotPink";
            cxt.fillRect(50, 50, 100, 50);
        }
    </script>
</head>
<body>
    <canvas id="canvas" width="200" height="150" style="border:1px dashed gray;"></canvas>
</body>
</html>
```

预览效果如图 12-4 所示。

图 12-4　加入了 globalAlpha 属性的效果

▨ 分析

当我们把 cxt.globalAlpha = "0.3"; 这一句代码去掉之后，预览效果如图 12-5 所示。

图 12-5　去掉了 globalAlpha 属性的效果

从中我们可以看出，globalAlpha 属性应用的对象是整个 Canvas（画布）。如果我们想要实现局部的图形或文字的透明效果，可以使用 RGBA 颜色值。

12.3　globalCompositeOperation 属性

在之前的学习中，我们经常会看到不同图形交叉在一起。正常情况下，浏览器会按照图形绘制的顺序，依次显示每个图形，后面绘制的会覆盖前面绘制的，遵循"后来者居上"原则。

在 Canvas 中，如果想要改变交叉图形的显示方式，我们可以使用 globalCompositeOperation 属性来实现。

语法

```
cxt.globalCompositeOperation = 属性值;
```

说明

globalCompositeOperation 属性取值有很多，常见的如表 12-3 及图 12-6 所示。

表 12-3 globalCompositeOperation 属性取值

属性值	说明
source-over	默认值，新图形覆盖旧图形
copy	只显示新图形，旧图形作透明处理
darker	两种图形都显示，在重叠部分，颜色由两种图形的颜色值相减后形成
destination-atop	只显示新图形与旧图形重叠部分以及新图形的其余部分，其他部分作透明处理
destination-in	只显示旧图形中与新图形重叠部分，其他部分作透明处理
destination-out	只显示旧图形中与新图形不重叠部分，其他部分作透明处理
destination-over	与 source-over 属性相反，旧图形覆盖新图形
lighter	两种图形都显示，在图形重叠部分，颜色由两种图形的颜色值相加后形成
source-atop	只显示旧图形与新图形重叠部分及旧图形的其余部分，其他部分作透明处理
source-in	只显示新图形中与旧图形重叠部分，其他部分作透明处理
source-out	只显示新图形中与旧图形不重叠部分，其他部分作透明处理
xor	两种图形都绘制，其中重叠部分作透明处理

globalCompositeOperation 属性取值很多，我们不需要去记忆，需要的时候再来这里查一下就行了。

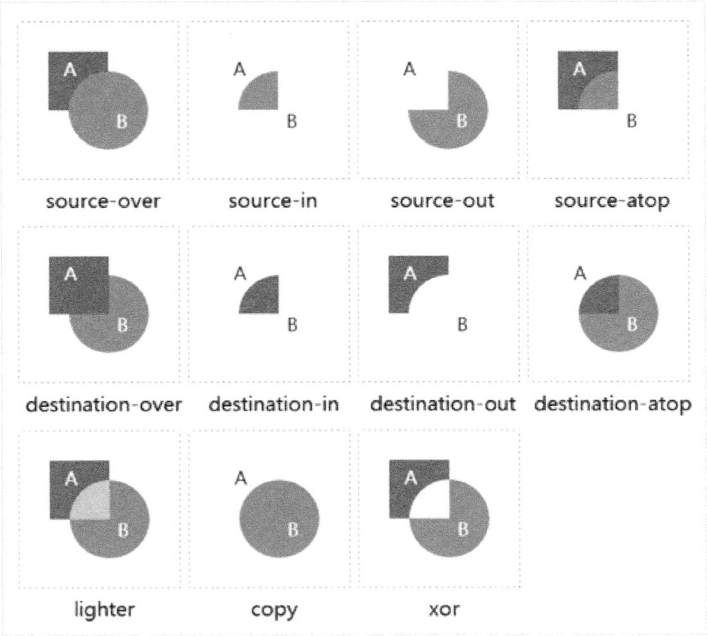

图 12-6 globalCompositeOperation 属性取值

▌ 举例

```html
<!DOCTYPE html>
<html>
<head>
    <meta charset="utf-8" />
    <title></title>
    <script>
        function $$(id){
            return document.getElementById(id);
        }
        window.onload=function(){
            var cnv = $$("canvas");
            var cxt = cnv.getContext("2d");

            cxt.globalCompositeOperation = "xor";

            //绘制矩形
            cxt.fillStyle = "HotPink";
            cxt.fillRect(30, 30, 60, 60);
            //绘制圆形
            cxt.beginPath();
            cxt.arc(100, 100, 40, 0, Math.PI * 2, true);
            cxt.closePath();
            cxt.fillStyle = "LightSkyBlue";
            cxt.fill();
        }
    </script>
</head>
<body>
    <canvas id="canvas" width="200" height="150" style="border:1px dashed gray;"></canvas>
</body>
</html>
```

预览效果如图 12-7 所示。

图 12-7　globalCompositeOperation 属性取值为 xor

▌ 举例

```html
<!DOCTYPE html>
<html>
<head>
```

```
    <meta charset="utf-8" />
    <title></title>
    <script>
        function $$(id) {
            return document.getElementById(id);
        }
        window.onload = function () {
            var cnv = $$("canvas");
            var cxt = cnv.getContext("2d");

            cxt.globalCompositeOperation = "xor";

            //绘制第1个矩形
            cxt.fillStyle = "HotPink";
            cxt.fillRect(30, 30, 60, 60);
            //绘制圆形
            cxt.beginPath();
            cxt.arc(100, 100, 40, 0, Math.PI * 2, true);
            cxt.closePath();
            cxt.fillStyle = "LightSkyBlue";
            cxt.fill();
            //绘制第2个矩形
            cxt.fillStyle = "HotPink";
            cxt.fillRect(110, 30, 60, 60);
        }
    </script>
</head>
<body>
    <canvas id="canvas" width="200" height="150" style="border:1px dashed gray;"></canvas>
</body>
</html>
```

预览效果如图 12-8 所示。

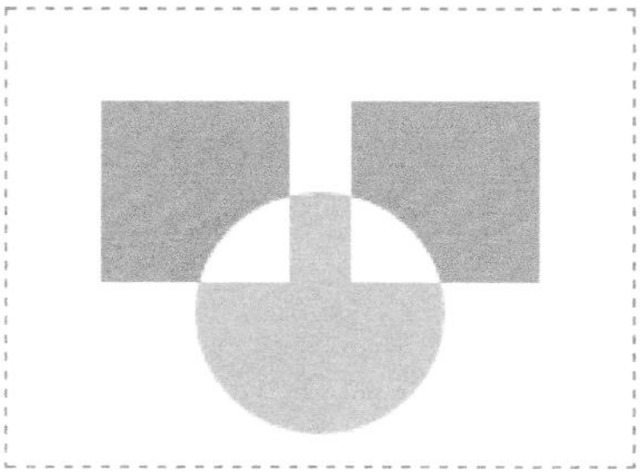

图 12-8　多个图形叠加

分析

globalCompositeOperation 属性定义的是整个画布的“全局”叠加效果，也就是说，如果一个画布中有多个图形叠加，它们也会遵循两两叠加的规则。

到这里，我们已经学了 Canvas 中的两个全局属性：globalAlpha 和 globalCompositeOperation。

细心的小伙伴估计也发现了，全局属性的前缀都是"global"。了解这一点，也方便我们理解和记忆。

12.4　strokeStyle 和 fillStyle

在 Canvas 中，对于图形、文字、图案等，我们可以分为两大类：描边型 stroke() 和填充型 fill()。通过这样简单的分类，我们对 Canvas 的基本知识会有一个清晰的认知。

▌ 举例：矩形

```html
<!DOCTYPE html>
<html>
<head>
    <meta charset="utf-8" />
    <title></title>
    <script>
        function $$(id) {
            return document.getElementById(id);
        }
        window.onload = function () {
            var cnv = $$("canvas");
            var cxt = cnv.getContext("2d");

            cxt.strokeStyle = "HotPink";
            cxt.strokeRect(20, 20, 50, 50);

            cxt.fillStyle = "LightSkyBlue";
            cxt.fillRect(100, 20, 50, 50);
        }
    </script>
</head>
<body>
    <canvas id="canvas" width="200" height="150" style="border:1px dashed gray;"></canvas>
</body>
</html>
```

预览效果如图 12-9 所示。

图 12-9　stroke() 和 fill() 方法用于矩形

▼ 举例：圆形

```
<!DOCTYPE html>
<html>
<head>
    <meta charset="utf-8" />
    <title></title>
    <script>
        function $$(id) {
            return document.getElementById(id);
        }
        window.onload = function () {
            var cnv = $$("canvas");
            var cxt = cnv.getContext("2d");

            cxt.beginPath();
            cxt.arc(50, 50, 25, 0, 360 * Math.PI / 180, false);
            cxt.closePath();
            cxt.strokeStyle = "HotPink";
            cxt.stroke();

            cxt.beginPath();
            cxt.arc(150, 50, 25, 0, 360 * Math.PI / 180, false);
            cxt.closePath();
            cxt.fillStyle = "LightSkyBlue";
            cxt.fill();
        }
    </script>
</head>
<body>
    <canvas id="canvas" width="200" height="150" style="border:1px dashed gray;"></canvas>
</body>
</html>
```

预览效果如图12-10所示。

图12-10　stroke()和fill()方法用于圆形

▼ 举例：文字

```
<!DOCTYPE html>
<html>
<head>
```

```
    <meta charset="utf-8" />
    <title></title>
    <script>
        function $$(id) {
            return document.getElementById(id);
        }
        window.onload = function () {
            var cnv = $$("canvas");
            var cxt = cnv.getContext("2d");

            var text = "绿叶学习网";
            cxt.font = "bold 25px 微软雅黑";
            cxt.strokeStyle = "purple";
            cxt.strokeText(text, 30, 50);

            cxt.fillStyle = "purple";
            cxt.fillText(text, 30, 100);
        }
    </script>
</head>
<body>
    <canvas id="canvas" width="200" height="150" style="border:1px dashed gray;"></canvas>
</body>
</html>
```

预览效果如图12-11所示。

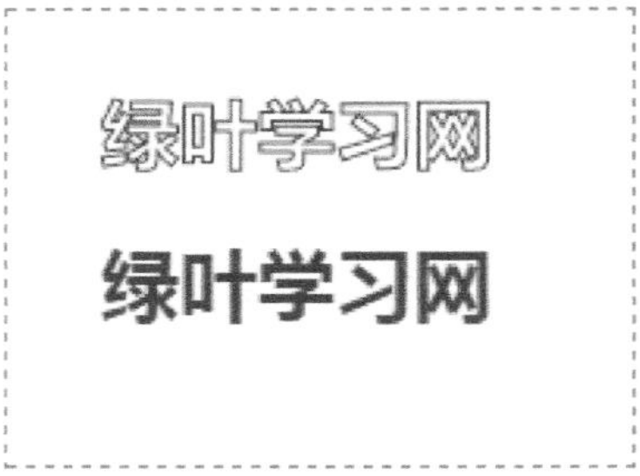

图12-11 stroke()和fill()方法用于文字

举例：图片

```
<!DOCTYPE html>
<html>
<head>
    <meta charset="utf-8" />
    <title></title>
    <script>
        function $$(id) {
            return document.getElementById(id);
        }
        window.onload = function () {
            var cnv = $$("canvas");
            var cxt = cnv.getContext("2d");
```

```
//创建image对象
var image = new Image();
image.src = "images/princess.png";

image.onload = function () {
    var text = "绿叶学习网";
    cxt.font = "bold 22px 微软雅黑";
    var pattern = cxt.createPattern(image, "no-repeat");
    cxt.fillStyle = pattern;
    cxt.fillText(text, 10, 50);
}
}
</script>
</head>
<body>
    <canvas id="canvas" width="200" height="150" style="border:1px dashed gray;"></canvas>
</body>
</html>
```

预览效果如图12-12所示。

图12-12　stroke()和fill()方法用于图片

第二部分
Canvas 进阶

第 13 章
事件操作

13.1 Canvas 进阶简介

前面 12 章是 Canvas 的基础部分，介绍的都是 Canvas API 方面的知识。即使是 API，我们也不是"流水账"般说完就算了。在精讲语法的同时，更多的是深入探讨 API 的本质，并且在讲解的过程中穿插大量的实际开发技巧。

学到这里，大家已经对 Canvas API 非常熟悉了。事实上，Canvas 也没多少 API。经过一段时间的使用，大家对这些 API 都是可以信手拈来的。不过在实际开发中，仅仅靠 Canvas API 是满足不了我们各种开发需求的。简单来说，Canvas 最重要的是给了你笔和纸，我们更需要思考的是用笔和纸究竟能画出什么东西来。

在接下来的 Canvas 进阶部分，我们将会给大家讲解怎么使用 Canvas 提供的"笔和纸"绘制各种炫丽的动画。学完这些 Canvas 进阶知识，小伙伴们不仅可以制作各种 Canvas 动画，甚至还可以独立开发一款小游戏！这些，估计是很多小伙伴在此之前想都不敢想的事情。

对于 Canvas 进阶学习，我们需要具备 JavaScript 基础知识以及面向对象方面的知识，不然对于有些代码，你会觉得很难理解。由于那些知识并不属于 Canvas，而是属于 JavaScript 语法，因此本书不会详细展开介绍。

这一章，我们先给大家介绍 Canvas 事件操作方面的知识。

13.2 鼠标事件

13.2.1 鼠标事件简介

在 Canvas 中，常见的事件共有 3 种：鼠标事件、键盘事件和循环事件。有了这些事件，我们就可以开发出交互性更强的动画，使得用户可以参与到 Canvas 动画交互中来。这一小节先来介绍 Canvas 中的鼠标事件。

在 Canvas 中，鼠标事件分为 3 种。

- ▶ 鼠标按下：mousedown。
- ▶ 鼠标松开：mouseup。
- ▶ 鼠标移动：mousemove。

mousedown 表示按下鼠标一瞬间所触发的事件，mouseup 表示松开鼠标一瞬间所触发的事件。当然我们都知道，只有先"按下"才有再"松开"。因此在实际开发中，mousedown 和 mouseup 都是配合在一起使用的。对于鼠标事件，一般情况下都是先执行 mousedown，再执行 mouseup。

mousemove 可以配合 mousedown 和 mouseup 来实现拖动效果。拖动效果的实现很简单：先使用 mousedown 判断选中的是哪个图形或元素，然后使用 mousemove 来拖动选中的图形元素，最后在 mouseup 时停止拖动。

在 Canvas 中，mousedown、mouseup 和 mousemove 这 3 种事件常用于实现拖曳功能。拖曳功能对于初学者来说比较复杂，因此我们放在"第 17 章 用户交互"详细介绍。下面先来给大家介绍一个经常使用的功能：获取鼠标指针位置。

13.2.2　获取鼠标指针位置

我们都知道，每个鼠标事件都有两个用于确定鼠标指针当前位置的属性：pageX 与 pageY。结合 pageX、pageY 这两个属性以及画布相对于文档的偏移距离，我们可以确定鼠标指针在画布上的相对坐标。不过遗憾的是，并不是所有的浏览器都支持这两个属性，所以还需要用到 clientX 与 clientY 属性。

由于不同浏览器各自有自己的一套实现方法，在每次计算鼠标指针位置时，我们都得写上一堆兼容代码。不过为了方便，我们可以将获取鼠标指针位置的代码封装到工具函数 tools 中。这里，我们可以使用一个外部 JavaScript 文件（命名为"tools.js"）专门存放这个共用代码。

▌ 语法

```
//将tools定义为window对象的属性，该属性的值是一个对象
window.lvye = {};
//获取鼠标指针位置
window.tools.getMouse = function (element) {
    //定义一个mouse的对象
    var mouse = { x: 0, y: 0 };
    //为传入的元素添加mousemove事件
    element.addEventListener("mousemove", function (e) {
        var x, y;
        //在IE中,event对象是作为window对象的一个属性存在
        var e = e || window.event;
        //获取鼠标指针当前位置，并作兼容处理
        //兼容Firefox、chrome、IE9及以上
        if (e.pageX || e.pageY) {
            x = e.pageX;
            y = e.pageY;
        }
```

```
        //兼容IE8及以下，以及混杂模式下的Chrome和Safari
        else {
            x = e.clientX + document.body.scrollLeft + document.documentElement.scrollLeft;
            y = e.clientY + document.body.scrollTop + document.documentElement.scrollTop;
        }
        //将当前的坐标值减去canvas元素的偏移位置，则x、y为鼠标指针在canvas中的相对坐标值
        x -= element.offsetLeft;
        y -= element.offsetTop;

        mouse.x = x;
        mouse.y = y;
    })
    //返回值为mouse对象
    return mouse;
}
```

说明

getMouse() 方法接收一个 DOM 元素作为参数，并且使用 addEventListener() 为这个元素添加一个 mousemove 事件，最终返回一个包含鼠标指针坐标的对象。

获取鼠标指针位置是 DOM 操作以及 Canvas 开发中经常用到的一个技巧。对于上面这些兼容代码，大家可以自行查阅了解一下，这里不详细展开介绍了，因为这些都是属于 JavaScript 的内容。

举例

```
<!DOCTYPE html>
<html>
<head>
    <meta charset="utf-8" />
    <title></title>
    <script src="js/tools.js"></script>
    <script>
        function $$(id) {
            return document.getElementById(id);
        }
        window.onload = function () {
            var cnv = $$("canvas");
            var cxt = cnv.getContext("2d");

            var txt = $$("txt");
            var mouse = tools.getMouse(cnv);

            cnv.addEventListener("mousemove", function () {
                txt.innerHTML = "鼠标指针坐标:(" + mouse.x + "," + mouse.y + ")";
            }, false);
        }
    </script>
</head>
<body>
    <canvas id="canvas" width="200" height="150" style="border:1px solid silver;"></canvas>
    <p id="txt"></p>
```

```
</body>
</html>
```

预览效果如图 13-1 所示。

图 13-1　获取鼠标指针坐标

▌ 分析

在这个例子中，我们首先引入了 tools.js 文件，以便使用 getMouse() 方法来获取当前鼠标指针在 Canvas 中的坐标。这些代码在本书源文件中都可以找到，所以大家记得把它下载下来，直接运行就能查看效果了。如果都自己手动再打一遍，学习速度就非常慢了。

这里要特别说明一下，在后面章节中，凡是经常用到的公共函数或公共类，我们都放在 tools.js 文件中。这样在每次进行开发的时候，我们只需要引入 tools.js 文件就能使用这些公共函数或公共类了。

13.3　键盘事件

13.3.1　键盘事件简介

在 Canvas 中，常用的键盘事件共有 2 种。

▸ 键盘按下：keydown
▸ 键盘松开：keyup

在实际开发中，keydown 和 keyup 两种键盘事件是配合使用的。keydown 表示按下键盘一瞬间所触发的事件，keyup 表示松开键盘一瞬间所触发的事件。

此外我们还需要注意一点，Canvas 元素本身不支持键盘事件，因此一般情况下我们都是使用 window 对象来实现对 Canvas 中键盘事件的监听。

▌ 语法

```
window.addEventListener(type , fn , false)
```

▌ 说明

type 是一个字符串，指的是事件类型，如果只针对 Canvas 键盘事件，则其取值只有两个：

"keydown" 和 "keyup"。fn 是一个事件处理函数，我们在键盘事件中的操作都是在这个函数里进行的。

此外，我们不需要对绑定事件进行兼容处理，因为只有 IE9 及以上版本的浏览器才支持 HTML5 Canvas，而这些浏览器是支持 W3C 标准的 addEventListener() 方法的。addEventListener() 方法属于 JavaScript 的内容，在此不详细展开介绍，具体可以参考本系列的《从 0 到 1: JavaScript 快速上手》。

13.3.2　获取物体移动方向

在 Canvas 键盘事件中，我们一般都根据按键的 keyCode 来判断用户按下的是键盘中的哪个键，然后根据按键的不同再进行相应操作。常用按键的 keyCode 如表 13-1 所示。这些按键往往都是用来控制物体移动的方向，经常玩游戏的小伙伴对此再熟悉不过了。

表 13-1　常用按键对应 keyCode

按键	keyCode
W（上）	87
S（下）	83
A（左）	65
D（右）	68
↑	38
↓	40
←	37
→	39

上表只列出了控制方向的按键的 keyCode，对于其他按键，由于在本书中基本用不上，所以这里没有列出来。一般情况下，我们记不住这些控制方向的按键的 keyCode，而且在实际开发中，如果忘了又回来查询也比较麻烦。因此，我们可以考虑将其封装成一个函数，以便在实际开发中直接调用。

▼ 语法

```
//获取键盘控制方向
window.tools.getKey = function () {
    var key = {};
    window.addEventListener("keydown", function (e) {
        if (e.keyCode == 38 || e.keyCode == 87) {
            key.direction = "up";
        } else if (e.keyCode == 39 || e.keyCode == 68) {
            key.direction = "right";
        } else if (e.keyCode == 40 || e.keyCode == 83) {
            key.direction = "down";
        } else if (e.keyCode == 37 || e.keyCode == 65) {
            key.direction = "left";
        } else {
```

```
            key.direction = "";
        }
    }, false);
    return key;
}
```

▎ 说明

使用 getKey() 方法返回一个对象 key，这个对象有一个 direction 属性，表示用户控制物体移动的方向。每次我们只需要判断 direction 属性取值是什么，就可以知道物体移动的方向了。这种使用名称而不是使用数字的方式，使得代码更加简单易懂。

▎ 举例

```
<!DOCTYPE html>
<html>
<head>
    <meta charset="utf-8" />
    <title></title>
    <script src="js/tools.js"></script>
    <script>
        function $$(id) {
            return document.getElementById(id);
        }
        window.onload = function () {
            var cnv = $$("canvas");
            var cxt = cnv.getContext("2d");

            //初始化一个圆形
            drawBall(cnv.width / 2, cnv.height / 2);
            //初始化变量
            var x = 100;
            var y = 75;
            //获取按键方向
            var key = tools.getKey();

            //添加keydown事件
            window.addEventListener("keydown", function (e) {
                //清除整个Canvas，以便重绘新的圆形
                cxt.clearRect(0, 0, cnv.width, cnv.height);

                //根据key.direction的值，判断小球移动方向
                switch (key.direction) {
                    case "up":
                        y -= 2;
                        drawBall(x, y);
                        break;
                    case "down":
                        y += 2;
                        drawBall(x, y);
                        break;
```

```
                    case "left":
                        x -= 2;
                        drawBall(x, y);
                        break;
                    case "right":
                        x += 2;
                        drawBall(x, y);
                        break;
                    //default值
                    default:
                        drawBall(x, y);
                }
        }, false);

        //定义绘制小球的函数
        function drawBall(x, y) {
            cxt.beginPath();
            cxt.arc(x, y, 20, 0, 360 * Math.PI / 180, true);
            cxt.closePath();
            cxt.fillStyle = "#6699FF";
            cxt.fill();
        }
    }
    </script>
</head>
<body>
    <canvas id="canvas" width="200" height="150" style="border:1px solid silver;"></canvas>
</body>
</html>
```

预览效果如图 13-2 所示。

图 13-2　使用键盘控制小球移动

▌ 分析

在这个例子中，我们首先引入了 tools.js 文件，以便使用 getKey() 方法来获取用户控制小球移动的方向，然后使用 window.addEventListener() 来监听键盘事件，最后在 switch 语句中根据 key.direction 的值来判断小球移动的方向。对于 switch 语句，我们一定要加入 default 值的表达式，不然如果用户按下的是其他按键，小球就会消失（没有重绘）。

根据按键的 keyCode 来控制物体的移动，在 Canvas 游戏开发（特别是 RPG 游戏）中经常用到，例如控制人物行走、太空船飞行等。对于 getKey() 方法，我们会在后面的章节大量接触，所以小伙伴们一定要掌握好喔。

```
switch (key.direction) {
    case "up":
        ......
    case "down":
        ......
    case "left":
        ......
    case "right":
        ......
    default:
        ......
}
```

13.4　循环事件

对于如何实现 Canvas 动画效果，很多小伙伴想到的都是先使用 setInterval() 方法来定时清空画布，然后重绘图形，从而实现动画效果。事实上，使用这种方式不能准确地控制动画的帧率，这是因为 setInterval() 方法本身存在一定的性能问题。

在 Canvas 中，我们都是使用 requestAnimationFrame() 方法来实现循环，从而实现动画效果。requestAnimationFrame，这个名字那么长，估计都把不少小伙伴给吓跑了。其实我们把 requestAnimationFrame 分开来看就很清楚它的含义了：request animation frame，也就是"请求动画帧"的意思。当然，我们的开发工具也会有代码提示，记不住也没关系。

requestAnimationFrame() 方法的功能跟 setInterval() 方法功能是一样的，但是两者也有一定区别。对于 setInterval() 方法，我们需要手动设置间隔时间才会生效。但是对于 requestAnimationFrame() 方法，我们无需手动设置间隔时间。因为这个方法会根据浏览器绘制的帧率自动进行调整。

▰ 语法

```
(function frame(){
    window.requestAnimationFrame(frame);
    cxt.clearRect(0, 0, cnv.width, cnv.height);
    ......
})();
```

▰ 说明

在这个语法中，我们定义了一个自执行函数 frame()，然后在函数内部使用 window. requestAnimationFrame() 不断地调用 frame，从而实现循环效果。通过之前的学习我们都知道，要实现 Canvas 动画效果，我们必须每次都得清空画布然后重绘。如果不清空的话，之前绘制的图形就会被保留下来。因此在这里我们使用 cxt.clearRect(0, 0, cnv.width, cnv.height); 来清空整个画布。

这是 requestAnimationFrame() 方法的完整使用语法，在实际开发中，我们拿过去就能直接使用。这个语法相当重要，在接下来的学习中我们会大量用到，小伙伴们要好好记住喔。

此外，requestAnimationFrame() 方法存在着严重的浏览器兼容性问题，因此我们需要做兼容处理。requestAnimationFrame() 方法的兼容代码如下。

```
window.requestAnimationFrame = (
    window.webkitRequestAnimationFrame ||
    window.mozRequestAnimationFrame    ||
    window.msRequestAnimationFrame     ||
    window.oRequestAnimationFrame      ||
    function (callback) {
        return window.setTimeout(callback, 1000/60);
    }
);
```

在"13.2 鼠标事件"这一节中，我们使用了 tools.js 文件来存放公共函数和公共类。对于这个兼容代码，我们同样将其放到 tools.js 文件中，以便在开发时直接调用。

举例

```
<!DOCTYPE html>
<html>
<head>
    <meta charset="utf-8" />
    <title></title>
    <script src="js/tools.js"></script>
    <script>
        function $$(id) {
            return document.getElementById(id);
        }
        window.onload = function () {
            var cnv = $$("canvas");
            var cxt = cnv.getContext("2d");

            //初始化变量，也就是初始化圆的x轴坐标为0
            var x = 0;
            //动画循环
            (function frame() {
                window.requestAnimationFrame(frame);
                //每次动画循环都先清空画布，再重绘新的图形
                cxt.clearRect(0, 0, cnv.width, cnv.height);

                //绘制圆
                cxt.beginPath();
                cxt.arc(x, 70, 20, 0, 360 * Math.PI / 180, true);
                cxt.closePath();
                cxt.fillStyle = "#6699FF";
                cxt.fill();

                //变量递增
                x += 2;
```

```
                })();
            }
            wind
        </script>
</head>
<body>
        <canvas id="canvas" width="200" height="150" style="border:1px solid silver;"></canvas>
</body>
</html>
```

预览效果如图13-3所示。

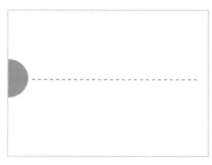

图13-3　循环动画

▌ 分析

　　由于小球圆心的初始 x 轴坐标为 0，y 轴坐标为 Canvas 高度的一半，因此最开始小球位置如图13-3所示。由于加入了动画循环，我们可以看到小球会从左到右进行匀速运动。小伙伴们一定要记得把本书的源代码文件下载下来，然后在浏览器中查看实际效果，这样可以更直观地理解这个例子。

　　一般情况下，由于一些变量往往都是需要在动画循环中改变的，所以变量的初始化都是在动画循环之前。通过这个例子，我们也初步知道了 Canvas 动画的原理是：**使用 requestAnimationFrame() 方法不断地清除 Canvas，然后重绘图形。**

第14章

物理动画

14.1　物理动画简介

我们平常在浏览网页的过程中可能已经接触过一些通过 Canvas 实现的动画，如烟花效果（如图 14-1 所示）、雨滴效果、球体碰撞等。在惊叹之余，大家有没有思考过这些效果的实现原理是什么么呢？

实际上，要想做出这些复杂的效果，我们必须掌握基本的数学和物理知识。说的一点都没错，数学和物理……

图 14-1　通过 Canvas 实现的烟花效果

物理动画，简单来说，就是模拟现实世界的一种动画效果。在物理动画中，物体会遵循牛顿运动定律，如射击游戏中打出去的炮弹会随着重力而降落。在这一章中，我们主要给大家介绍以下 5 个方面的内容。

- ▶ 三角函数。
- ▶ 匀速运动。
- ▶ 加速运动。
- ▶ 重力。
- ▶ 摩擦力。

许多数学和物理公式正向我们袭来，所以小伙伴们一定要保护好自己的"膝盖"，别给"跪"了。事实上，这些数学和物理知识也仅是高中水平，相对来说还是很简单的。不过这些都是 Canvas 动画的核心，因此大家一定要重点掌握。

通过之前的学习我们都知道，Canvas 动画实际上就是一个"清除、重绘、再清除、再重绘的过程"。也就是说，想要实现 Canvas 动画，也就只有两步。

① 使用 clearRect() 方法"清除"整个 Canvas。

② 使用 requestAnimationFrame() 方法实现"重绘"。

此外，大家一定要下载本书的源代码文件，然后自己在浏览器中操作并查看效果。因为接下来讲解的内容都是动画效果，而书中呈现的效果图是静态的，给不了大家那么直观的感受。我们可以一边查看源代码，一边进行实践操作，这样可以掌握得更好。

14.2　三角函数简介

14.2.1　什么是三角函数

三角函数，我们在中学阶段接触得非常多了。三角函数一般用于计算三角形中"未知长度的边"和"未知度数的角"。常见的三角函数有 3 种，见图 14-2。

▶ 正弦函数 sin(θ)。

▶ 余弦函数 cos(θ)。

▶ 正切函数 tan(θ)。

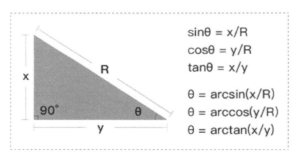

图 14-2　三角函数

根据图 14-2 中的公式，我们可以求出三角形中"某一条边的边长"或者"某一个角的度数"。其中 sin(θ)、cos(θ)、tan(θ)、arcsin(x/R)、arccos(y/R)、arctan(x/y) 等可以用 JavaScript 实现。

▌ 语法

```
sin(θ):Math.sin(θ*Math.PI/180)
cos(θ):Math.cos(θ*Math.PI/180)
tan(θ):Math.tan(θ*Math.PI/180)
arcsin(x/R):Math.asin(x/R)*(180/Math.PI)
arccos(y/R):Math.acos(x/y)*(180/Math.PI)
arctan(x/y):Math.atan(x/y)*(180/Math.PI)
```

▌ 说明

在 Canvas 中，凡是涉及角度，我们都用"弧度制"表示。如 180° 就应该写成 Math.PI，而 360° 就应该写成 Math.PI*2，依次类推。在实际开发中，推荐下面这种一目了然的写法。

度数*Math.PI/180

不过有一点要跟大家提一下，Canvas 采用的是 W3C 坐标系。W3C 坐标系跟数学坐标系是不同的：数学坐标系的 y 轴正方向是向上的；而 W3C 坐标系的 y 轴正方向却是向下的，如图 14-3 所示。因此在表示角度的时候，我们要特别注意一下。

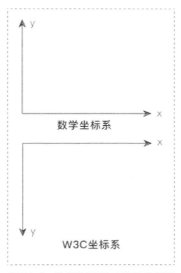

图 14-3　数学坐标系与 W3C 坐标系

14.2.2　Math.atan() 与 Math.atan2()

在三角函数中，我们可以使用反正切函数 Math.atan() 来求出两条边之间夹角的度数。不过我们都知道反正切函数 Math.atan() 有一个很大的问题：使用 Math.atan()，可能会出现一个度数对应两个夹角的情况。也就是说，此时我们无法准确判断该度数对应的是哪一个夹角。我们还是先看一个直观的例子，见图 14-4。

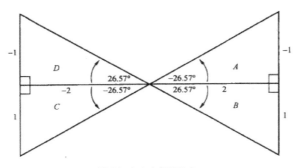

图 14-4　4 个象限的角

在图 14-4 中有 4 个不同的三角形：A、B、C 与 D。其中 A、B 的 x 轴坐标为正值，C、D 的 x 轴坐标为负值，B、C 的 y 轴坐标为正值，A、D 的 y 轴坐标为负值（W3C 坐标系 y 轴正方向是向下的）。因此，对于 4 个内角来说，将会得到以下的正切值。

- ▶ tan(A) = -0.5。
- ▶ tan(B) = 0.5。
- ▶ tan(C) = -0.5。
- ▶ tan(D) = 0.5。

假如我们将 0.5 作为参数传入 Math.atan() 函数中，然后再将结果转化为度数，我们将会得到一个接近 26.57° 的值，但是 Math.atan(1/2)（B 的夹角的值）和 Math.atan((-1)/(-2))（D 的夹角）的值都是 26.57°。也就是说，此时没办法判断 26.57° 对应的三角形是 B 还是 D，因为这两个角对应的正切值都是 0.5！ Math.atan() 方法对于这种情况就显得无能为力了。这个时候我们就需要用到 JavaScript 中的另一个反正切函数：Math.atan2()。

在 Canvas 中，我们可以使用反正切函数 Math.atan2() 来求出两条边之间夹角的度数，并且准确判断该度数对应的是哪一个夹角。

▌ 语法

```
Math.atan2(y ,x);
```

▌ 说明

Math.atan2() 函数接收两个参数，参数 y 表示对边的边长，参数 x 表示邻边的边长，如图 14-5 所示。其中，x、y 都要区分正负。大家一定要搞清楚 Math.atan2() 函数中参数的顺序，千万别搞错成 Math.atan2(x ,y) 了。这是初学者最容易犯的错误。

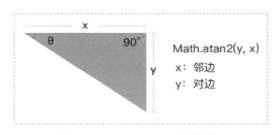

图 14-5　Math.atan2() 函数的分析

对于反正切函数 Math.atan() 来说，Math.atan(1/2) 和 Math.atan((-1)/(-2)) 的结果都是一样的。但是对于反正切函数 Math.atan2() 来说，Math.atan2(1,2) 和 Math.atan2(-1,-2) 的结果却是不一样的。下面我们来验证一下。

▌ 举例

```html
<!DOCTYPE html>
<html>
<head>
    <meta charset="utf-8" />
    <title></title>
    <script>
        window.onload = function () {
            var txt = document.getElementById("txt");
```

```
        txt.innerHTML = "Math.atan2(1,2)对应角度为: " + Math.atan2(1, 2) * 180 /
Math.PI + "<br/>" + "Math.atan2(-1,-2)对应角度为: " + Math.atan2(-1, -2) * 180 / Math.PI;
            }
    </script>
</head>
<body>
    <p id="txt"></p>
</body>
</html>
```

预览效果如图 14-6 所示。

图 14-6　Math.atan2(1,2) 与 Math.atan2(-1,-2) 对应的角度

▶ **分析**

Math.atan2(1,2) 对应角度 26.57°，这个很好理解。但是 Math.atan2(-1,-2) 对应角度
为 -153.34°，这个该怎么理解呢？

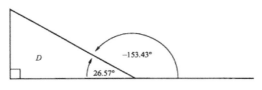

图 14-7　测量角的两种方法

实际上，Math.atan2(1,2) 对应角 D，而 Math.atan2(-1,-2) 对应角 D 的补角。从图 14-7 中我们
可以看出，-153.43° 是从 x 轴正方向开始，以逆时针方向计算的。这样一下子就把两个角区分开了。

通过上面的分析我们知道，在 Canvas 中，我们可以使用反正切函数 Math.atan2() 求出两条
边之间夹角的度数，并且能够准确判断该度数对应的是哪一个夹角。在实际开发中，我们基本上用
不到 Math.atan() 函数，反而是 Math.atan2() 函数用得较多。此时，小伙伴们自然而然就会问了：
"我们大费周章地理解 Math.atan2() 函数，那么这个函数到底都有什么用呢？"

Math.atan2() 函数的用途可就大了。接下来，我们先来看看使用 Math.atan2() 函数实现的
一个经典效果：追随鼠标指针旋转。为了准确地表现出追随鼠标指针旋转的效果，我们首先需要
一个可供旋转的对象。下面我们定义一个箭头类，专门用于绘制箭头，然后把这个类保存到一个
JavaScript 文件中，命名为 "arrow.js"。

箭头类代码如下。

```
function Arrow(x,y,color,angle)
{
```

```
        //箭头中心的横坐标，默认值为 0
        this.x = x || 0;
        //箭头中心的纵坐标，默认值为 0
        this.y = y || 0;
        //颜色，默认值为"#FF0099"
        this.color = color || "#FF0099";
        //旋转角度，默认值为 0
        this.angle = angle || 0;
    }
    Arrow.prototype = {
        stroke: function (cxt) {
            cxt.save();
            cxt.translate(this.x, this.y);
            cxt.rotate(this.angle);
            cxt.strokeStyle = this.color;
            cxt.beginPath();
            cxt.moveTo(-20, -10);
            cxt.lineTo(0, -10);
            cxt.lineTo(0, -20);
            cxt.lineTo(20, 0);
            cxt.lineTo(0, 20);
            cxt.lineTo(0, 10);
            cxt.lineTo(-20, 10);
            cxt.closePath();
            cxt.stroke();
            cxt.restore();
        },
        fill: function (cxt) {
            cxt.save();
            cxt.translate(this.x, this.y);
            cxt.rotate(this.angle);
            cxt.fillStyle = this.color;
            cxt.beginPath();
            cxt.moveTo(-20, -10);
            cxt.lineTo(0, -10);
            cxt.lineTo(0, -20);
            cxt.lineTo(20, 0);
            cxt.lineTo(0, 20);
            cxt.lineTo(0, 10);
            cxt.lineTo(-20, 10);
            cxt.closePath();
            cxt.fill();
            cxt.restore();
        }
    };
```

▌ 说明

我们在后续学习中会大量用到这个箭头类。所以在需要绘制箭头的时候，请记得引入 arrow.js 文件。

▌ 举例

```
<!DOCTYPE html>
<html>
```

```
<head>
    <meta charset="utf-8" />
    <title></title>
    <script src="js/tools.js"></script>
    <script src="js/arrow.js"></script>
    <script>
        function $$(id) {
            return document.getElementById(id);
        }
        window.onload = function () {
            var cnv = $$("canvas");
            var cxt = cnv.getContext("2d");

            //实例化一个箭头，某中心坐标为画布中心坐标
            var arrow = new Arrow(cnv.width / 2, cnv.height / 2);
            //获取鼠标指针坐标
            var mouse = tools.getMouse(cnv);

            (function drawFrame() {
                window.requestAnimationFrame(drawFrame, cnv);
                cxt.clearRect(0, 0, cnv.width, cnv.height);

                var dx = mouse.x - cnv.width / 2;
                var dy = mouse.y - cnv.height / 2;
                //使用Math.atan2()函数计算出鼠标指针与箭头中心的夹角
                arrow.angle = Math.atan2(dy, dx);

                arrow.fill(cxt);
            })();
        }
    </script>
</head>
<body>
    <canvas id="canvas" width="200" height="150" style="border:1px solid silver;"></canvas>
</body>
</html>
```

预览效果如图 14-8 所示。

图 14-8　箭头跟随鼠标指针旋转的效果

▚ 分析

当鼠标指针在画布上移动时，箭头会跟随着鼠标指针移动的方向旋转。这种效果的实现原理很

简单：在动画循环中，每次移动鼠标指针的时候，我们计算鼠标指针的当前位置与箭头中心的夹角，然后把这个夹角作为箭头旋转的角度重绘箭头就行了。我们可以借助图 14-9 的分析来理解。

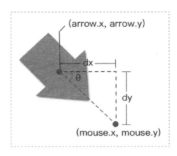

图 14-9   箭头跟随鼠标指针旋转的分析

在这个例子中，如果我们将 Math.atan2(dy, dx); 替换成 Math.atan(dy/dx); 时，就会发现实际效果跟预期效果是完全不一样的。这是由于使用 Math.atan() 函数无法准确判断该度数对应的是哪一个夹角。

在实际开发中，三角函数是非常实用的。在后面的章节中，我们会大量接触到三角函数。

14.3   三角函数应用

上一节我们学习了三角函数的原理及常用公式，很多小伙伴都会迫不及待地想问三角函数对于 Canvas 动画来说都有什么用呢？

事实上，三角函数在 Canvas 动画开发中的用途是极其广泛的。在 Canvas 中，三角函常见的用途有 3 个。

▶ 两点间的距离。
▶ 圆周运动。
▶ 波形运动。

14.3.1   两点间距离

学过初中数学的小伙伴们都知道，求两点间距离是不涉及三角函数的，只需要使用勾股定理就行。不过勾股定理本身就涉及直角三角形，如图 14-10 所示，因此我们把它归入三角函数。

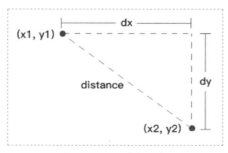

图 14-10   两点间距离

在 Canvas 中，假设有两点（x1，y1）和（x2，y2），那么怎么求这两点之间的距离呢？

▶ 语法

```
dx = x2 - x1;
dy = y2 - y1;
distance = Math.sqrt(dx*dx + dy*dy);
```

▶ 说明

Math.sqrt() 方法用于求一个数的平方根。

▶ 举例

```html
<!DOCTYPE html>
<html>
<head>
    <meta charset="utf-8" />
    <title></title>
    <script src="js/tools.js"></script>
    <script>
        function $$(id) {
            return document.getElementById(id);
        }
        window.onload = function () {
            var cnv = $$("canvas");
            var cxt = cnv.getContext("2d");
            var text = document.getElementById("p1");

            var x = cnv.width / 2;
            var y = cnv.height / 2;

            var mouse = tools.getMouse(cnv);
            (function frame() {
                window.requestAnimationFrame(frame);
                cxt.clearRect(0, 0, cnv.width, cnv.height);

                cxt.save();
                cxt.beginPath();
                cxt.moveTo(x, y);
                //mouse.x表示鼠标指针的X轴坐标,mouse.y表示鼠标指针的Y轴坐标
                cxt.lineTo(mouse.x, mouse.y);
                cxt.closePath();
                cxt.strokeStyle = "red";
                cxt.stroke();
                cxt.restore();

                var dx = mouse.x - x;
                var dy = mouse.y - y;
                var distance = Math.sqrt(dx * dx + dy * dy);
                text.innerText = "鼠标指针与中心的距离为: " + distance;
            })();

        }
    </script>
```

```
    </head>
    <body>
        <canvas id="canvas" width="200" height="150" style="border:1px solid silver;"></canvas>
        <p id="p1"></p>
    </body>
</html>
```

预览效果如图 14-11 所示。

鼠标指针与中心的距离为：125

图 14-11　鼠标指针与中心的距离的效果

▜ 分析

tools.js 文件，我们在"13.2 鼠标事件"中已经给大家说过了。到现在为止，tools.js 文件已经包含了 3 部分内容：获取鼠标指针坐标的函数 getMouse()、获取键盘控制方向的函数 getKey()，以及具有兼容性的 requestAnimationFrame() 方法。

在这个例子中，我们将当前鼠标指针所在位置与画布原点连线，并且动态获取这两个点之间的距离。

14.3.2　圆周运动

在 Canvas 中，圆周运动共有两种形式：正圆运动和椭圆运动。

1.　正圆运动

我们来看看正圆运动，如图 14-12 所示。

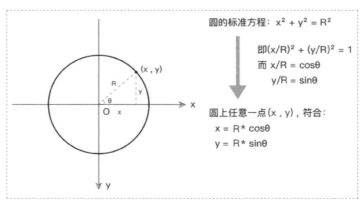

图 14-12　圆上任意一点的坐标（圆心是坐标原点）

从图 14-12 可以看出，通过"圆的标准方程"的数学推理，可以得到圆上任意一点的坐标。

▶ 语法

```
x = centerX + Math.cos(angle)*radius;
y = centerY + Math.sin(angle)*radius;
```

▶ 说明

（centerX，centerY）表示圆心坐标，angle 是一个弧度制的角度，radius 是圆的半径。从上面两条公式我们可以得到当前点的坐标，分析思路如图 14-13 所示。

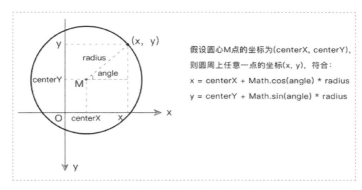

图 14-13　圆上任意一点坐标（圆心不是坐标原点）

接下来，我们建立一个名为"ball.js"的文件，用于存放小球类，代码如下。

```
function Ball(x,y,radius,color)
{
    //小球中心的横坐标，默认值为0
    this.x = x || 0;
    //小球中心的纵坐标，默认值为0
    this.y = y || 0;
    //小球半径，默认值为12
    this.radius = radius || 12;
    //小球颜色，默认值为"#6699FF"
    this.color = color || "#6699FF";

    this.scaleX = 1;
    this.scaleY = 1;
}
Ball.prototype = {
    //绘制描边小球
    stroke: function (cxt) {
        cxt.save();
        cxt.scale(this.scaleX, this.scaleY);
        cxt.strokeStyle = this.color;
        cxt.beginPath();
        cxt.arc(this.x, this.y, this.radius, 0, 360 * Math.PI / 180, false);
        cxt.closePath();
        cxt.stroke();
        cxt.restore();
```

```
        },
        //绘制填充小球
        fill: function (cxt) {
            cxt.save();
            cxt.translate(this.x, this.y);
            cxt.rotate(this.rotation);
            cxt.scale(this.scaleX, this.scaleY);
            cxt.fillStyle = this.color;
            cxt.beginPath();
            cxt.arc(0, 0, this.radius, 0, 360 * Math.PI / 180, false);
            cxt.closePath();
            cxt.fill();
            cxt.restore();
        }
    }
```

我们在后续学习中会大量用到这个小球类。在需要绘制小球的时候，请记得引入 ball.js 文件。细数一下，到现在为止我们常用的 JavaScript 文件已经有 3 个了：tools.js、arrow.js 和 ball.js。

▌ 举例

```
<!DOCTYPE html>
<html>
<head>
    <meta charset="utf-8" />
    <title></title>
    <script src="js/tools.js"></script>
    <script src="js/ball.js"></script>
    <script>
        function $$(id) {
            return document.getElementById(id);
        }
        window.onload = function () {
            var cnv = $$("canvas");
            var cxt = cnv.getContext("2d");

            //实例化一个小球，球心坐标为（100,25），半径、颜色都取默认值
            var ball = new Ball(100, 25);
            var centerX = cnv.width / 2;
            var centerY = cnv.height / 2;
            var radius = 50;
            var angle = 0;

            (function frame() {
                window.requestAnimationFrame(frame);
                cxt.clearRect(0, 0, cnv.width, cnv.height);

                //绘制圆形
                cxt.beginPath();
                cxt.arc(centerX, centerY, 50, 0, 360 * Math.PI / 180, false);
                cxt.closePath();
                cxt.stroke();
```

```
            //计算小球坐标
            ball.x = centerX + Math.cos(angle) * radius;
            ball.y = centerY + Math.sin(angle) * radius;
            ball.fill(cxt);

            //角度递增
            angle += 0.05;
        })();
    }
</script>
</head>
<body>
    <canvas id="canvas" width="200" height="150" style="border:1px solid silver;"></canvas>
</body>
</html>
```

预览效果如图 14-14 所示。

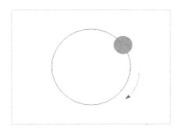

图 14-14　正圆运动的效果

▶ 分析

在这个例子中，我们引入了 ball.js 文件，以便我们可以使用小球类。这个例子很简单，直接把圆的极坐标公式套进去就可以。

2. 椭圆运动

我们再来看看椭圆运动，如图 14-15 所示。

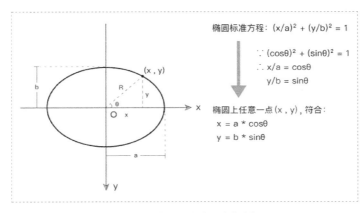

椭圆标准方程：$(x/a)^2 + (y/b)^2 = 1$

$\because (cos\theta)^2 + (sin\theta)^2 = 1$

$\therefore x/a = cos\theta$

$\quad\ y/b = sin\theta$

椭圆上任意一点 (x, y)，符合：

$x = a * cos\theta$

$y = b * sin\theta$

图 14-15　椭圆上任意一点的坐标

椭圆和正圆的不同之处在于：正圆的半径在 x 轴和 y 轴两个方向是相同的，而椭圆的半径在 x 轴和 y 轴两个方向是不同的。

从图 14-15 中可以看出，我们可以通过"椭圆的标准方程"的数学推理得到椭圆上任意一点的坐标。

▌ 语法

```
x = centerX + Math.cos(angle)*radiusX;
y = centerY + Math.sin(angle)*radiusY;
```

▌ 说明

（centerX，centerY）表示圆心坐标，angle 是一个弧度制的角度，radiusX 表示椭圆在 x 轴方向的半径，radiusY 表示椭圆在 y 轴方向的半径。通过上面两条公式可以得到当前点的坐标。

▌ 举例

```
<!DOCTYPE html>
<html>
<head>
    <meta charset="utf-8" />
    <title></title>
    <script src="js/tools.js"></script>
    <script src="js/ball.js"></script>
    <script>
        function $$(id) {
            return document.getElementById(id);
        }
        window.onload = function () {
            var cnv = $$("canvas");
            var cxt = cnv.getContext("2d");

            var ball = new Ball(100, 25);
            var centerX = cnv.width / 2;
            var centerY = cnv.height / 2;
            var radiusX = 60;
            var radiusY = 40;
            var angle = 0;

            (function frame() {
                window.requestAnimationFrame(frame);
                cxt.clearRect(0, 0, cnv.width, cnv.height);

                //计算小球坐标
                ball.x = centerX + Math.cos(angle) * radiusX;
                ball.y = centerY + Math.sin(angle) * radiusY;
                ball.fill(cxt);

                //角度递增
                angle += 0.05;
            })();
        }
```

```
    </script>
</head>
<body>
    <canvas id="canvas" width="200" height="150" style="border:1px solid silver;"></canvas>
</body>
</html>
```

预览效果如图 14-16 所示。

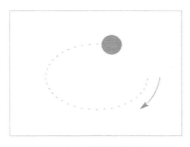

图 14-16　椭圆运动的效果

▌ 分析

同样，我们只需要把椭圆的极坐标公式套进去就可以。

14.3.3　波形运动

学过高中数学的小伙伴们都知道，正弦函数和余弦函数都有属于它们自身的波形。由于这两个函数的波形是非常相似的，下面我们只介绍正弦函数，见图 14-17。

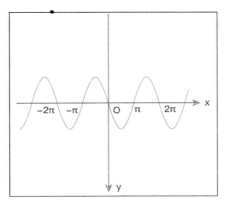

图 14-17　正弦函数的波形（W3C 坐标系）

在 Canvas 中，根据正弦函数作用对象的不同，常见的波形运动可以分为 3 种。

▶ 作用于 x 轴坐标。
▶ 作用于 y 轴坐标。
▶ 作用于缩放属性（scaleX 或 scaleY）。

1. 作用于 x 轴坐标

当正弦函数作用于物体中心的 x 轴坐标时，物体会左右摇摆，类似于水草在水流中左右摇摆。

▶ 语法

```
x = centerX + Math.sin(angle) * range;
angle += speed;
```

▶ 说明

（centerX，centerY）表示物体中心坐标，angle 表示角度（弧度制），range 表示振幅，speed 表示角度改变的大小。

▶ 举例

```html
<!DOCTYPE html>
<html>
<head>
    <meta charset="utf-8" />
    <title></title>
    <script src="js/tools.js"></script>
    <script src="js/ball.js"></script>
    <script>
        function $$(id) {
            return document.getElementById(id);
        }
        window.onload = function () {
            var cnv = $$("canvas");
            var cxt = cnv.getContext("2d");

            var ball = new Ball(cnv.width / 2, cnv.height / 2);
            var angle = 0;
            var range = 80;

            (function frame() {
                window.requestAnimationFrame(frame);
                cxt.clearRect(0, 0, cnv.width, cnv.height);

                ball.x = cnv.width / 2 + Math.sin(angle) * range;
                ball.fill(cxt);

                //角度递增
                angle += 0.05;
            })();
        }
    </script>
</head>
<body>
    <canvas id="canvas" width="200" height="150" style="border:1px solid silver;"></canvas>
</body>
</html>
```

预览效果如图 14-18 所示。

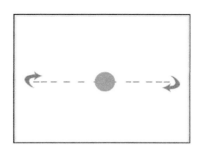

图 14-18　正弦函数作用于 x 轴坐标的效果

▼ 分析

当正弦函数只作用于物体的 x 轴坐标时，我们可以实现类似水草摆动的平滑运动效果。此外，由于正弦函数的值是在 [–1,1]，因此在实际开发中需要乘以一个较大的值（也就是振幅），使摆动的幅度看起来更加明显。

2.　作用于 y 轴坐标

当正弦函数作用于物体中心的 y 轴坐标时，物体运动的轨迹刚好就是 sin 函数的波形。

▼ 语法

```
y = centerY + Math.sin(angle) * range;
angle += speed;
```

▼ 说明

（centerX，centerY）表示物体中心坐标，angle 表示角度（弧度制），range 表示振幅，speed 表示角度改变的大小。

▼ 举例

```
<!DOCTYPE html>
<html>
<head>
    <meta charset="utf-8" />
    <title></title>
    <script src="js/tools.js"></script>
    <script src="js/ball.js"></script>
    <script>
        function $$(id) {
            return document.getElementById(id);
        }
        window.onload = function () {
            var cnv = $$("canvas");
            var cxt = cnv.getContext("2d");

            var ball = new Ball(0, cnv.height / 2);
            var angle = 0;
            var range = 40;
```

```
            (function frame() {
                window.requestAnimationFrame(frame);
                cxt.clearRect(0, 0, cnv.width, cnv.height);

                ball.x += 1;
                ball.y = cnv.height / 2 + Math.sin(angle) * range;
                ball.fill(cxt);

                //角度递增
                angle += 0.05;
            })();
        }
    </script>
</head>
<body>
    <canvas id="canvas" width="200" height="150" style="border:1px solid silver;"></canvas>
</body>
</html>
```

预览效果如图 14-19 所示。

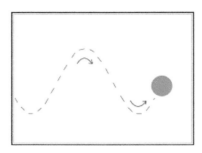

图 14-19　正弦函数作用于 y 轴坐标的效果

▮ 分析

在这个例子中，我们可以看到，小球会沿着 sin 函数的波形轨迹进行运动。

3. 作用于缩放属性（scaleX 或 scaleY）

当正弦函数作用于物体的缩放属性（scaleX 或 scaleY）时，物体会不断地放大然后缩小，从而呈现一种脉冲动画的效果。

▮ 语法

```
scaleX = 1 + Math.sin(angle) * range;
scaleY = 1 + Math.sin(angle) * range;
angle += speed;
```

▮ 说明

scaleX 表示物体在 x 轴方向缩放的倍数，scaleY 表示物体在 y 轴方向缩放的倍数。angle 表示角度（弧度制），range 表示振幅，speed 表示角度改变的大小。

▰ 举例

```html
<!DOCTYPE html>
<html>
<head>
    <meta charset="utf-8" />
    <title></title>
    <script src="js/tools.js"></script>
    <script src="js/ball.js"></script>
    <script>
        function $$(id) {
            return document.getElementById(id);
        }
        window.onload = function () {
            var cnv = $$("canvas");
            var cxt = cnv.getContext("2d");

            var ball = new Ball(cnv.width / 2, cnv.height / 2, 25);
            var range = 0.5;
            var angle = 0;

            (function frame() {
                window.requestAnimationFrame(frame);
                cxt.clearRect(0, 0, cnv.width, cnv.height);

                ball.scaleX = 1 + Math.sin(angle) * range;
                ball.scaleY = 1 + Math.sin(angle) * range;
                ball.fill(cxt);

                //角度递增
                angle += 0.05;
            })();
        }
    </script>
</head>
<body>
    <canvas id="canvas" width="200" height="150" style="border:1px solid silver;"></canvas>
</body>
</html>
```

预览效果如图 14-20 所示。

图 14-20　正弦函数作用于缩放属性（scaleX、scaleY）的效果

▰ 分析

脉冲动画是一种非常酷炫的效果，在绿叶学习网首页也能看到用 CSS3 实现的脉冲动画（如图 14-21 所示）。这些炫丽的效果，极大地提升了用户体验。

图 14-21　绿叶学习网中的脉冲动画的效果

14.4　匀速运动

14.4.1　匀速运动简介

匀速运动，又称为"匀速直线运动"，指的是物体在一条直线上运动，并且在单位时间内位移的距离是相等的。通过上面的定义，我们可以知道，匀速运动需要具备两个条件：速度大小相同；速度方向相同。

匀速运动是一种加速度为 0 的运动。匀速运动只有一种，那就是：**匀速直线运动**。很多小伙伴以为"匀速圆周运动"也是匀速运动，其实这是错误的。事实上，匀速圆周运动是匀速率圆周运动或匀角速度运动，它的加速度不为 0，因此匀速圆周运动并不是匀速直线运动。这一点小伙伴们要注意区分。

▰ 语法

```
object.x + = vx;
object.y + = vy;
```

▰ 说明

object.x 表示物体 x 轴坐标，object.y 表示物体 y 轴坐标。vx 表示 x 轴方向的速度大小，vy 表示 y 轴方向的速度大小。

在匀速运动中，速度是有正反方向之分的，我们可以用正数表示正方向，用负数表示反方向。这里还要再次提醒大家：Canvas 采用的坐标系是 W3C 坐标系，y 轴正方向是向下的。

▰ 举例

```html
<!DOCTYPE html>
<html>
<head>
    <meta charset="utf-8" />
    <title></title>
    <script src="js/tools.js"></script>
    <script src="js/ball.js"></script>
    <script>
```

```
function $$(id) {
    return document.getElementById(id);
}
window.onload = function () {
    var cnv = $$("canvas");
    var cxt = cnv.getContext("2d");

    //实例化一个小球
    var ball = new Ball(0, cnv.height / 2);
    //定义x轴速度为2，也就是每帧向正方向移动2px
    var vx = 2;

    (function frame() {
        window.requestAnimationFrame(frame);
        cxt.clearRect(0, 0, cnv.width, cnv.height);

        ball.x += vx;

        ball.fill(cxt);
    })();
}
</script>
</head>
<body>
    <canvas id="canvas" width="200" height="150" style="border:1px solid silver;"></canvas>
</body>
</html>
```

预览效果如图 14-22 所示。

图 14-22　x 轴正方向的匀速运动的效果

▼ 分析

当我们将 var vx = 2; 改为 var vx = -2; 时，小球会匀速向左（x 轴负方向）运动。在实际开发中，我们一般用数值的正负来表示物体运动的正反方向。

此外，小伙伴们还可以尝试实现匀速运动在 y 轴方向上的运动效果，也就是把 vx 改为 vy，把 ball.x 改为 ball.y。

14.4.2　速度的合成和分解

上面只是介绍了小球在 x 轴或 y 轴这两个方向上的匀速运动，假如我们想让小球沿着任意方向匀速运动，该怎么做呢？这个时候，我们就需要用到速度的合成与分解了，如图 14-23 所示。

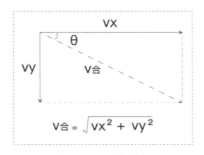

图 14-23　分解速度

速度的分解很简单，我们只需要将该方向的速度分解为 x 轴和 y 轴两个方向的分速度，然后再分别进行处理即可。这个我们在高中物理课上已经接触很多了，这里就不详细介绍原理了。此外，对于速度的分解，我们也需要用到三角函数。

▰ 语法

```
vx = speed * Math.cos(angle * Math.PI/180);
vy = speed * Math.sin(angle * Math.PI/180);
object.x += vx;
object.y += vy;
```

▰ 说明

object.x 表示物体 x 轴坐标，object.y 表示物体 y 轴坐标。vx 表示 x 轴方向的速度大小，vy 表示 y 轴方向的速度大小。

speed 表示任意方向的速度大小，angle 表示该速度的方向与 x 轴正方向的夹角（如图 14-23 所示）。

▰ 举例

```
<!DOCTYPE html>
<html>
<head>
    <meta charset="utf-8" />
    <title></title>
    <script src="js/tools.js"></script>
    <script src="js/ball.js"></script>
    <script>
        function $$(id) {
            return document.getElementById(id);
        }
        window.onload = function () {
            var cnv = $$("canvas");
            var cxt = cnv.getContext("2d");

            //实例化一个小球，球心坐标、半径以及颜色都采用默认值
            var ball = new Ball();
            var speed = 2;
```

```
            //速度方向与x轴正方向角度为30°
            var vx = speed * Math.cos(30 * Math.PI / 180);
            var vy = speed * Math.sin(30 * Math.PI / 180);

            (function drawFrame() {
                window.requestAnimationFrame(drawFrame);
                cxt.clearRect(0, 0, cnv.width, cnv.height);

                ball.x += vx;
                ball.y += vy;

                ball.fill(cxt);
            })();
        }
    </script>
</head>
<body>
    <canvas id="canvas" width="200" height="150" style="border:1px solid silver;"></canvas>
</body>
</html>
```

预览效果如图 14-24 所示。

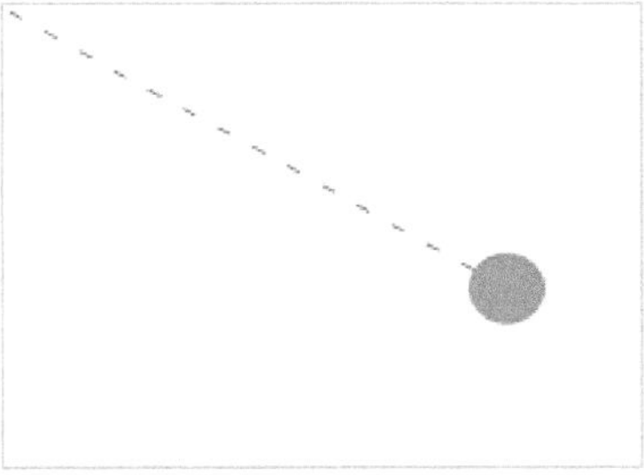

图 14-24 任意方向的匀速运动的效果

分析

对于非 x 轴方向或非 y 轴方向的匀速运动，我们都是采用“分解速度”的方式来实现。其中，速度的分解很简单，直接使用三角函数就行了。

在“14.2 三角函数简介”中，我们介绍了一个箭头跟随鼠标指针旋转的效果。下面我们在此例子的基础上加入匀速运动，实现箭头跟随鼠标指针匀速移动的效果。

举例：箭头跟随鼠标指针匀速移动

```
<!DOCTYPE html>
<html>
<head>
    <meta charset="utf-8" />
    <title></title>
    <script src="js/tools.js"></script>
    <script src="js/ball.js"></script>
    <script>
```

```
        function $$(id) {
            return document.getElementById(id);
        }
        window.onload = function () {
            var cnv = $$("canvas");
            var cxt = cnv.getContext("2d");

            //实例化一个箭头，箭头中心坐标为画布中心坐标
            var arrow = new Arrow(cnv.width / 2, cnv.height / 2);
            var mouse = tools.getMouse(cnv);
            var speed = 1.5;
            var angle = 0;

            (function drawFrame() {
                window.requestAnimationFrame(drawFrame, cnv);
                cxt.clearRect(0, 0, cnv.width, cnv.height);
                //计算出鼠标指针与箭头中心之间的夹角
                var dx = mouse.x - cnv.width / 2;
                var dy = mouse.y - cnv.height / 2;
                angle = Math.atan2(dy, dx);

                var vx = Math.cos(angle) * speed;
                var vy = Math.sin(angle) * speed;
                arrow.x += vx;
                arrow.y += vy;

                arrow.angle = angle;
                arrow.fill(cxt);
            })();
        }
    </script>
</head>
<body>
    <canvas id="canvas" width="200" height="150" style="border:1px solid silver;"></canvas>
</body>
</html>
```

预览效果如图 14-25 所示。

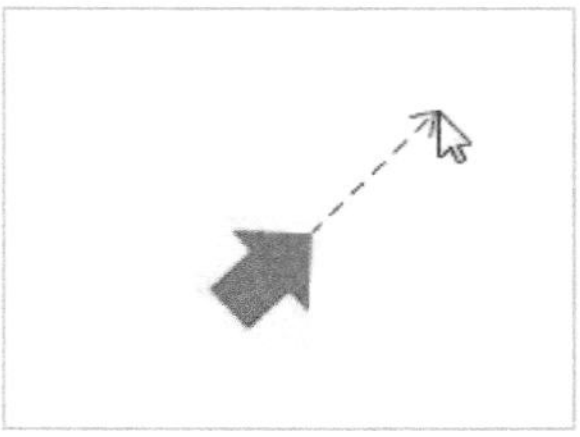

图 14-25　箭头跟随鼠标指针匀速移动

分析

在这个例子中，我们首先初始化速度（speed）和角度（angle），然后用鼠标指针的当前坐标减去箭头的坐标，得到 dx、dy，之后再使用 Math.atan2() 函数得到夹角度数，最后使用三角函数将速度分解为 x 轴和 y 轴两个方向的分速度。

这种箭头跟随鼠标指针匀速移动的效果是不是很酷？现在这个效果比较粗糙，看起来并不自然，不过我们在后面还会对这个效果做进一步优化。大家在这里先把整个实现方法理解透，以便后续的深入学习。

14.5　加速运动

14.5.1　加速运动简介

加速运动，指的是方向相同、速度大小变化的运动。速度递增的是加速运动，速度递减的是减速运动。

加速运动分为两种：匀加速运动和变加速运动。说起加速运动，有一个东西我们不得不提，那就是加速度。加速度，指的是单位时间内速度改变的矢量。

匀速运动与加速运动的比较如图 14-26 所示。

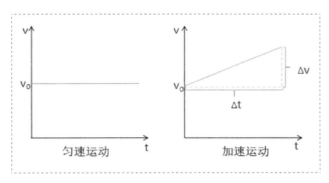

图 14-26　匀速运动与加速运动

从图 14-26 中我们可以看出：匀速运动的速度大小是一直保持不变的，而加速运动的速度大小会随着时间变化而改变（变大或变小）。

图 14-26 的右图展示了一个匀加速运动，在 Δt 时间内，速度增加了 Δv，那么用公式表示加速度为 $a=\Delta v/\Delta t$。

▌ 语法

```
vx += ax;
vy += ay;
object.x += vx;
object.y += vy;
```

▌ 说明

object.x 表示物体 x 轴坐标，object.y 表示物体 y 轴坐标。

vx 表示 x 轴方向的速度大小，vy 表示 y 轴方向的速度大小。

ax 表示 x 轴方向的加速度，ay 表示 y 轴方向的加速度。当 ax 大于 0 时，物体向右做匀加速运动；当 ax 小于 0 时，物体向左做匀加速运动；当 ax 等于 0 时，物体按原来速度运动。ay 跟 ax 同理。

▰ 举例

```html
<!DOCTYPE html>
<html>
<head>
    <meta charset="utf-8" />
    <title></title>
    <script src="js/tools.js"></script>
    <script src="js/ball.js"></script>
    <script>
        function $$(id) {
            return document.getElementById(id);
        }
        window.onload = function () {
            var cnv = $$("canvas");
            var cxt = cnv.getContext("2d");

            //实例化一个小球
            var ball = new Ball(0, cnv.height / 2);
            //初始化x轴方向速度及加速度
            var vx = 0;
            var ax = 0.2;

            (function frame() {
                window.requestAnimationFrame(frame);
                cxt.clearRect(0, 0, cnv.width, cnv.height);

                ball.x += vx;
                ball.fill(cxt);

                vx += ax;
            })();
        }
    </script>
</head>
<body>
    <canvas id="canvas" width="200" height="150" style="border:1px solid silver;"></canvas>
</body>
</html>
```

预览效果如图 14-27 所示。

图 14-27　x 轴正方向的加速运动

▚ 分析

在这个例子中，小球会向右加速运动。当然我们也可以自行测试一下加速运动在 y 轴方向的效果。

▚ 举例

```
<!DOCTYPE html>
<html>
<head>
    <meta charset="utf-8" />
    <title></title>
    <script src="js/tools.js"></script>
    <script src="js/ball.js"></script>
    <script>
        function $$(id) {
            return document.getElementById(id);
        }
        window.onload = function () {
            var cnv = $$("canvas");
            var cxt = cnv.getContext("2d");

            //实例化一个小球
            var ball = new Ball(0, cnv.height / 2);
            //初始化x轴方向速度及加速度
            var vx = 8;
            var ax = -0.2;

            (function frame() {
                window.requestAnimationFrame(frame);
                cxt.clearRect(0, 0, cnv.width, cnv.height);

                ball.x += vx;
                ball.fill(cxt);

                vx += ax;
            })();
        }
    </script>
</head>
<body>
    <canvas id="canvas" width="200" height="150" style="border:1px solid silver;"></canvas>
</body>
</html>
```

预览效果如图 14-28 所示。

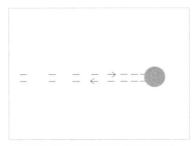

图 14-28　加速度引起的掉头运动

▌ 分析

在这个例子中，由于小球最开始的时候在 x 轴上有一个正方向的初始速度（var vx=8;），因此小球一开始会向右运动。但是由于加速度为负值，所以小球一开始向右做匀减速运动。当速度减到0 的时候，此时加速度却不为 0，接下来小球会继续向左做匀加速运动。这个经典的运动效果，有没有让我们想起高中时的"充实"生活呢？

14.5.2　加速度的合成和分解

上面只是介绍了小球在 x 轴方向或 y 轴方向上的加速运动，那么假如想让小球沿着任意方向进行加速运动，该怎么做呢？这个时候，我们需要对加速度进行分解。注意，对于加速运动，分解的是加速度，而不是速度，这一点大家不要搞错了，见图 14-29。

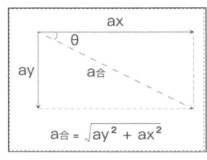

图 14-29　分解加速度

▌ 语法

```
ax = a * Math.cos(angle * Math.PI/180);
ay = a * Math.sin(angle * Math.PI/180);
vx += ax;
vy += ay;
object.x += vx;
object.y += vy;
```

▌ 说明

object.x 表示物体 x 轴坐标，object.y 表示物体 y 轴坐标。

vx 表示 x 轴方向的速度大小，vy 表示 y 轴方向的速度大小。

ax 表示 x 轴方向加速度，ay 表示 y 轴方向加速度。

a 表示任意方向的加速度大小，angle 表示该加速度的方向与 x 轴正方向的夹角（见图 14-29）。

▌ 举例

```
<!DOCTYPE html>
<html>
<head>
    <meta charset="utf-8" />
    <title></title>
    <script src="js/tools.js"></script>
```

```
<script src="js/ball.js"></script>
<script>
    function $$(id) {
        return document.getElementById(id);
    }
    window.onload = function () {
        var cnv = $$("canvas");
        var cxt = cnv.getContext("2d");

        var ball = new Ball();
        var a = 0.2;
        //计算出x轴和y轴方向的加速度
        var ax = a * Math.cos(30 * Math.PI / 180);
        var ay = a * Math.sin(30 * Math.PI / 180);
        var vx = 0;
        var vy = 0;

        (function drawFrame() {
            window.requestAnimationFrame(drawFrame);
            cxt.clearRect(0, 0, cnv.width, cnv.height);

            ball.x += vx;
            ball.y += vy;
            ball.fill(cxt);

            vx += ax;
            vy += ay;
        })();
    }
</script>
</head>
<body>
    <canvas id="canvas" width="200" height="150" style="border:1px solid silver;"></canvas>
</body>
</html>
```

预览效果如图 14-30 所示。

图 14-30　任意方向上的加速运动

▼ 分析

对于非 x 轴方向或 y 轴方向的匀加速运动或匀减速运动，我们都是采用分解"加速度"的方式来实现。其中，加速度的分解很简单，也是直接使用三角函数，与速度的分解是一样的。

14.6　重力

14.6.1　重力简介

说起重力，我们不得不提重力加速度。重力加速度是加速度中比较特殊的一种。重力加速度其实是物体受地球引力形成的。

在地球上，任何一个物体从空中下落到地面，都有一个垂直向下的加速度。对于重力引起的运动，我们可以看成是沿着 y 轴正方向的加速运动，如图 14-31 所示。

▼ 语法

```
vy += gravity;
object.y += vy;
```

▼ 说明

大家将上述语法与加速度的语法对比一下，其实两者的语法是一样的。

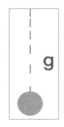

图 14-31　重力示意

▼ 举例：重力

```
<!DOCTYPE html>
<html>
<head>
    <meta charset="utf-8" />
    <title></title>
    <script src="js/tools.js"></script>
    <script src="js/ball.js"></script>
    <script>
        function $$(id) {
            return document.getElementById(id);
        }
        window.onload = function () {
            var cnv = $$("canvas");
            var cxt = cnv.getContext("2d");

            //初始化数据
            var ball = new Ball(0, cnv.height);
```

```
            var vx = 4;
            var vy = -5;
            var gravity = 0.2;

            (function drawFrame() {
                window.requestAnimationFrame(drawFrame);
                cxt.clearRect(0, 0, cnv.width, cnv.height);

                ball.x += vx;
                ball.y += vy;
                ball.fill(cxt);

                //变量递增
                vy += gravity;
            })();
        }
    </script>
</head>
<body>
    <canvas id="canvas" width="200" height="150" style="border:1px solid silver;"></canvas>
</body>
</html>
```

预览效果如图 14-32 所示。

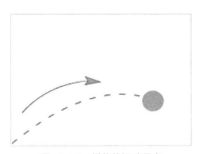

图 14-32　抛物线运动示意

▓ 分析

小球在 x 轴方向做的是匀速运动，在 y 轴方向做的是减加速运动（受到重力影响），因此小球的最终运动轨迹是一条抛物线，这跟我们体育课上抛铅球是一样的。

14.6.2　重力应用

借助重力，我们可以实现很多有趣的效果。对于那些复杂效果，等我们学了其他知识再给大家讲解。下面介绍一个很常见的效果：小球从空中自由降落到地面，然后反弹，循环往复，直到它的最终速度为 0 而停止在地面。

▓ 举例

```
<!DOCTYPE html>
<html>
<head>
```

```html
<meta charset="utf-8" />
<title></title>
<script src="js/tools.js"></script>
<script src="js/ball.js"></script>
<script>
    function $$(id) {
        return document.getElementById(id);
    }
    window.onload = function () {
        var cnv = $$("canvas");
        var cxt = cnv.getContext("2d");

        //初始化数据
        var ball = new Ball(cnv.width / 2, 0);
        //Y轴方向的初始速度为0，重力加速度为0.2，反弹系数为-0.8
        var vy = 0;
        var gravity = 0.2;
        var bounce = -0.8;

        (function drawFrame() {
            window.requestAnimationFrame(drawFrame);
            cxt.clearRect(0, 0, cnv.width, cnv.height);

            ball.y += vy;
            //边界检测
            if (ball.y > cnv.height - ball.radius) {
                ball.y = cnv.height - ball.radius;
                //速度反向并且减小
                vy = vy * bounce;
            }
            ball.fill(cxt);

            vy += gravity;
        })();
    }
</script>
</head>
<body>
    <canvas id="canvas" width="200" height="150" style="border:1px solid silver;"></canvas>
</body>
</html>
```

预览效果如图 14-33 所示。

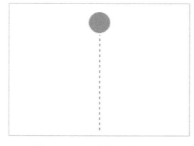

图 14-33　小球的下落与反弹

▼ 分析

if (ball.y> cnv.height- ball.radius) {} 是一个边界检测，表示当小球 y 轴坐标大于画布高度减去小球半径时执行的操作。对于边界检测，我们在下一章会详细介绍。我们从图 14-34 中可以很容易理解这个边界检测代码。

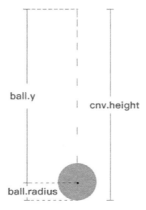

图 14-34　边界检测分析

一般情况下，小球碰到地面都会反弹，由于反弹会有速度损耗，并且小球 y 轴方向的速度会变为反方向，因此我们需要乘以一个反弹系数 bounce。反弹系数取值一般为 -1.0~0 的任意数。

为什么反弹系数是负数呢？这是因为反弹之后，速度方向变为相反方向了。那么还有一个问题：为什么反弹系数取值为 -1.0~0 的任意数，而不能是 -2、-3 这些呢？那是因为，反弹之后，速度只会变小，总不能变大，对吧？

最后，给大家说一些 Canvas 动画循环中的注意事项，有以下两点。

▶ 对于需要不断改变的变量，一般在动画循环之前定义。

▶ 对于需要不断改变的变量，一般在动画循环中图形绘制之后才递增或递减。

拿上面这个例子来说，如果将 vy += gravity; 放在 ball.fill(cxt); 之前，小球就不会停下来（小伙伴们可以自行测试，然后思考原因所在）。因此建议遵循以上两点规范。其实，回过头去看看前面几节的例子就会发现，我们也是这样做的。

▼ 举例

```
<!DOCTYPE html>
<html>
<head>
    <meta charset="utf-8" />
    <title></title>
    <script src="js/tools.js"></script>
    <script src="js/ball.js"></script>
    <script>
        function $$(id) {
            return document.getElementById(id);
        }
        window.onload = function () {
            var cnv = $$("canvas");
```

```
        var cxt = cnv.getContext("2d");

        //初始化数据
        var ball = new Ball(0, cnv.height);
        var vx = 3;
        var vy = -6;
        var gravity = 0.2;
        var bounce = -0.75;

        (function drawFrame() {
            window.requestAnimationFrame(drawFrame);
            cxt.clearRect(0, 0, cnv.width, cnv.height);

            ball.x += vx;
            ball.y += vy;

            //边界检测
            if ((ball.y + ball.radius) > cnv.height) {
                ball.y = cnv.height - ball.radius;
                vy = vy * bounce;
            }
            ball.fill(cxt);

            //变量递增
            vy += gravity;
        })();
    }
    </script>
</head>
<body>
    <canvas id="canvas" width="300" height="150" style="border:1px solid silver;"></canvas>
</body>
</html>
```

预览效果如图 14-35 所示。

图 14-35　小球不断反弹，直至停止

▼ 分析

这个例子的效果看似复杂，实现原理却非常简单。我们只是在上一个例子的基础上加入了 x 轴方向的速度罢了。

在实际开发的过程中，我们不要被那些复杂的效果吓到了，其实很多时候采用类似"分而治之"的方式来思考，很多问题都会迎刃而解。就算再复杂的 Canvas 物理动画，我们从 x 轴方向和 y 轴方向来考虑，实现的思路就会变得非常清晰。

14.7 摩擦力

摩擦力，指的是阻碍物体相对运动的力。其中摩擦力的方向与物体相对运动的方向相反。摩擦力只会改变速度的大小而不会改变运动的方向。换句话说，摩擦力只能将物体的速度降至 0，但它无法让物体往相反的方向运动。

▼ 语法

```
vx *= friction;
vy *= friction;
object.x += vx;
object.y += vy;
```

▼ 举例：物体沿 x 轴或 y 轴方向运动

```
<!DOCTYPE html>
<html>
<head>
    <meta charset="utf-8" />
    <title></title>
    <script src="js/tools.js"></script>
    <script src="js/ball.js"></script>
    <script>
        function $$(id) {
            return document.getElementById(id);
        }
        window.onload = function () {
            var cnv = $$("canvas");
            var cxt = cnv.getContext("2d");

            //初始化数据
            var ball = new Ball(0, cnv.height / 2);
            //初始化x轴方向的速度为2，摩擦系数为0.95
            var vx = 8;
            var friction = 0.95;

            (function frame() {
                window.requestAnimationFrame(frame);
                cxt.clearRect(0, 0, cnv.width, cnv.height);

                ball.x += vx;
                ball.fill(cxt);

                //变量改变
                vx *= friction;
            })();
```

```
        }
    </script>
</head>
<body>
    <canvas id="canvas" width="200" height="150" style="border:1px solid silver;"></canvas>
</body>
</html>
```

预览效果如图 14-36 所示。

图 14-36　x 轴方向的运动（加入摩擦力）

▼ 分析

摩擦系数跟上一节我们接触的反弹系数非常像，大家可以联系对比一下。在这个例子中，由于摩擦力的影响，小球只会沿着 x 轴方向减速运动，直至速度为 0 而停止运动，但是却不会像加速度那样还会让小球掉头往相反方向运动，我们可以将这个例子和"14.5 加速运动"中小球掉头运动的例子仔细对比。

▼ 举例：物体沿任意方向运动

```
<!DOCTYPE html>
<html>
<head>
    <meta charset="utf-8" />
    <title></title>
    <script src="js/tools.js"></script>
    <script src="js/ball.js"></script>
    <script>
        function $$(id) {
            return document.getElementById(id);
        }
        window.onload = function () {
            var cnv = $$("canvas");
            var cxt = cnv.getContext("2d");

            //初始化数据
            var ball = new Ball();
            var speed = 8;
            var vx = speed * Math.cos(30 * Math.PI / 180);
            var vy = speed * Math.sin(30 * Math.PI / 180);
            var friction = 0.95;
```

```
            (function drawFrame() {
                window.requestAnimationFrame(drawFrame);
                cxt.clearRect(0, 0, cnv.width, cnv.height);

                ball.x += vx;
                ball.y += vy;
                ball.fill(cxt);

                //变量改变
                vx *= friction;
                vy *= friction;
            })();
        }
    </script>
</head>
<body>
    <canvas id="canvas" width="200" height="150" style="border:1px solid silver;"></canvas>
</body>
</html>
```

预览效果如图 14-37 所示。

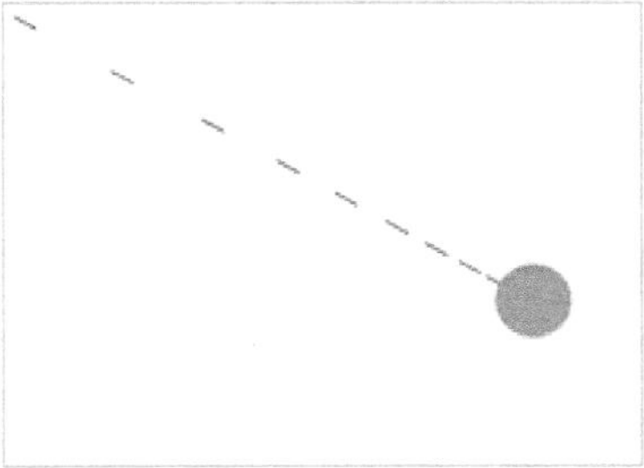

图 14-37 任意方向的运动（加入摩擦力）

分析

当物体沿任意方向运动时，如果加入摩擦力因素，我们都是先把该方向的速度分解为 x 轴和 y 轴两个方向的分速度，然后再用分速度乘以摩擦系数。提醒大家一点，我们分解的不是摩擦力，而是速度。

第15章 边界检测

15.1 边界检测简介

在之前的 Canvas 动画中，物体在运动的时候，一旦超出了画布的边界，它就消失了。如果我们想要再次看到物体运动，就只能重新刷新页面。很多时候我们想要实现类似物体碰到画布边界就反弹的效果，此时就需要用到这一章将要介绍的边界检测了。

边界检测，指的是检测一个物体所处"运动环境的范围"（也就是边界），如图 15-1 所示。简单来说，就是给运动物体限定一个范围，从而实现某些动画效果。就像你养了一群羊（运动物体），如果没有羊圈（运动范围），羊就会到处乱跑。如果给羊群加上了羊圈，你的羊就只能乖乖地待在羊圈中活动了。

在 Canvas 动画中，我们可以为物体设置一个运动范围。这个运动范围可以是整个画布，也可以是画布的一部分。大多数情况下，我们都会把物体运动范围设置为整个画布。

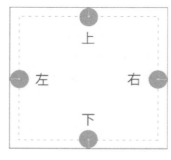

图 15-1　边界检测

假设我们有一个小球，小球的中心坐标为（x，y），根据图 15-1，此时的边界检测代码如下。

```
if (ball.x < ball.radius) {
        //小球"碰到"左边界时做什么
} else if (ball.x > cnv.width - ball.radius) {
        //小球"碰到"右边界时做什么
```

```
}
if (ball.y < ball.radius) {
        //小球"碰到"上边界时做什么
} else if (ball.y > cnv.height - ball.radius) {
        //小球"碰到"下边界时做什么
}
```

大家应该结合分析图来理解边界检测的原理，而不是死记硬背这段代码。不管是小球，还是其他物体，其边界检测的原理都是相似的。一旦把原理理解透了，等到实际开发的时候，我们只需要简单用笔画一下草稿，立马就能够写出相应的边界检测代码。

在这一章里，对于边界检测，我们主要从以下 4 个方面来介绍。

▶ 边界限制。

▶ 边界环绕。

▶ 边界生成。

▶ 边界反弹。

15.2　边界限制

边界限制，指的是通过边界检测的办法来限制物体的运动范围，使得其无法超出这个运动范围，而只能在范围内运动。

▼ 语法

```
if (ball.x < ball.radius) {
        //小球"碰到"左边界时
} else if (ball.x > cnv.width - ball.radius) {
        //小球"碰到"右边界时
}
if (ball.y < ball.radius) {
        //小球"碰到"上边界时
} else if (ball.y > cnv.height - ball.radius) {
        //小球"碰到"下边界时
}
```

▼ 说明

这里注意一个关键词："碰到"。当小球碰到边界时，此时小球在画布里面，小球中心与画布边界的距离刚好是小球半径。对于上面边界限制的代码，我们结合图 15-2 就很容易理解了。

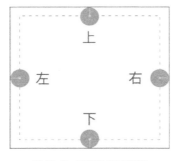

图 15-2　碰到边界的判断

▶ 举例

```
<!DOCTYPE html>
<html>
<head>
    <meta charset="utf-8" />
    <title></title>
    <script src="js/tools.js"></script>
    <script src="js/ball.js"></script>
    <script>
        function $$(id) {
            return document.getElementById(id);
        }
        window.onload = function () {
            var cnv = $$("canvas");
            var cxt = cnv.getContext("2d");

            //初始化数据
            var ball = new Ball(cnv.width / 2, cnv.height / 2);
            ball.fill(cxt);
            var key = tools.getKey();

            //添加键盘事件
            window.addEventListener("keydown", function (e) {
                cxt.clearRect(0, 0, cnv.width, cnv.height);

                //根据key.direction的值，判断物体移动方向
                switch (key.direction) {
                    case "up":
                        ball.y -= 3;
                        checkBorder();
                        ball.fill(cxt);
                        break;
                    case "down":
                        ball.y += 3;
                        checkBorder();
                        ball.fill(cxt);
                        break;
                    case "left":
                        ball.x -= 3;
                        checkBorder();
                        ball.fill(cxt);
                        break;
                    case "right":
                        ball.x += 3;
                        checkBorder();
                        ball.fill(cxt);
                        break;
                    default:
                        checkBorder();
                        ball.fill(cxt);
                }
```

```
        }, false);

        //定义边界检测函数
        function checkBorder() {
            //当小球碰到上边界时
            if (ball.y < ball.radius) {
                ball.y = ball.radius;
            //当小球碰到下边界时
            } else if (ball.y > cnv.height - ball.radius) {
                ball.y = cnv.height - ball.radius;
            }
            //当小球碰到左边界时
            if (ball.x < ball.radius) {
                ball.x = ball.radius;
            //当小球碰到右边界时
            } else if (ball.x > cnv.width - ball.radius) {
                ball.x = cnv.width - ball.radius;
            }
        }
    }
    </script>
</head>
<body>
    <canvas id="canvas" width="200" height="150" style="border:1px solid silver;"></canvas>
</body>
</html>
```

预览效果如图 15-3 所示。

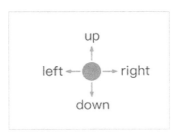

图 15-3　加入键盘控制的边界限制

▼ 分析

在这个例子中，我们添加了键盘事件，使得我们可以通过"↑""↓""←""→"以及"W""S""A""D"8 个键来控制小球的移动方向。然后定义了一个边界检测函数 checkBorder()，以限制小球的移动范围。

15.3　边界环绕

边界环绕，指的是当物体从一个边界消失后，它就会从对面的边界重新出现，从而形成一种环绕效果。简单来说，如果物体从左边界消失，然后就会从右边界出现；如果物体从下边界消失，然后就会从上边界出现。依次类推。

　　边界环绕其实没有想象中那么神秘，我们将画布左右边界对接，当物体从左边界消失时，立即又从右边界出现，形成一种环绕效果，如图 15-4 所示。

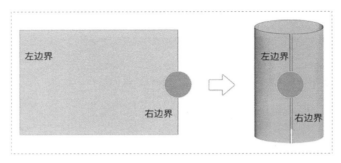

图 15-4　边界环绕效果

▌ 语法

```
if(ball.x < -ball.radius){
        //小球"完全超出"左边界时
} else if(ball.x>cnv.width + ball.radius){
        //小球"完全超出"右边界时
}
if(ball.y<-ball.radius){
        //小球"完全超出"上边界时
} else if(ball.y>cnv.height + ball.radius){
        //小球"完全超出"下边界时
}
```

▌ 说明

　　这里注意一个关键词："完全超出"。当小球完全超出边界时，此时小球在画布外，小球中心与画布边界的距离刚好等于小球半径。对于上面边界环绕的代码，我们结合图 15-5 就很容易理解了。

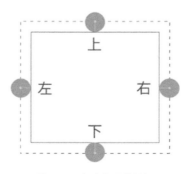

图 15-5　超出边界的判断

▌ 举例：边界环绕

```
<!DOCTYPE html>
<html>
<head>
```

```
<meta charset="utf-8" />
<title></title>
<script src="js/tools.js"></script>
<script src="js/ball.js"></script>
<script>
    function $$(id) {
        return document.getElementById(id);
    }
    window.onload = function () {
        var cnv = $$("canvas");
        var cxt = cnv.getContext("2d");

        //初始化数据
        var ball = new Ball(0, cnv.height / 2);
        var vx = 2;

        (function frame() {
            window.requestAnimationFrame(frame);
            cxt.clearRect(0, 0, cnv.width, cnv.height);

            ball.x += vx;
            //当小球完全超出右边界时
            if (ball.x > cnv.width + ball.radius) {
                ball.x = -ball.radius;
            }

            ball.fill(cxt);
        })();
    }
</script>
</head>
<body>
    <canvas id="canvas" width="200" height="150" style="border:1px solid silver;"></canvas>
</body>
</html>
```

预览效果如图 15-6 所示。

图 15-6   向右移动的边界环绕

▶ 分析

在这个例子中，小球匀速向右运动，当完全超出右边界后，会在左边界重新生成，循环往复，从而形成一种环绕效果。其中，右边界检测代码如下。

```
if (ball.x > cnv.width + ball.radius){
        ……
}
```

这段代码表示小球在完全超出右边界时执行的操作，大家根据图 15-5 一看就懂了。有些小伙伴就有疑问了："对于右边界检测，前两节都是用 ball.x > cnv.width - ball.radius 作为判断条件，为什么这里却用 ball.x > cnv.width + ball.radius 作为判断条件呢？"

如果我们用 ball.x > cnv.width - ball.radius 作为判断条件，则小球还没完全超出右边界（仅仅是中心点移出）就完全消失了，这显得非常不自然。大家可以在本地测试一下，看看实际效果就知道了。

从这个例子我们要明白，边界检测代码不是"死"的，我们应该根据实际开发需求来改进，而不是直接生搬硬套。学到后面的"边界生成"和"边界反弹"，我们要特别注意这一点。不过，任何边界检测的思路都是相似的，所以大家不用担心。

接下来，我们在这个例子的基础上加入键盘控制，来实现一个更为复杂的效果。

▌ 举例：加入键盘控制

```
<!DOCTYPE html>
<html>
<head>
    <meta charset="utf-8" />
    <title></title>
    <script src="js/tools.js"></script>
    <script src="js/ball.js"></script>
    <script>
        function $$(id) {
            return document.getElementById(id);
        }
        window.onload = function () {
            var cnv = $$("canvas");
            var cxt = cnv.getContext("2d");

            var ball = new Ball(cnv.width / 2, cnv.height / 2);
            ball.fill(cxt);
            var key = tools.getKey();

            //添加键盘事件
            window.addEventListener("keydown", function (e) {
                cxt.clearRect(0, 0, cnv.width, cnv.height);

                //根据key.direction的值，判断小球移动方向
                switch (key.direction) {
                    case "up":
                        ball.y -= 3;
                        //检测上边界
                        if (ball.y < -ball.radius) {
                            ball.y = cnv.height + ball.radius;
```

```
                                }
                                ball.fill(cxt);
                                break;
                        case "down":
                                ball.y += 3;
                                //检测下边界
                                if (ball.y > cnv.height + ball.radius) {
                                        ball.y = -ball.radius;
                                }
                                ball.fill(cxt);
                                break;
                        case "left":
                                ball.x -= 3;
                                //检测左边界
                                if (ball.x < -ball.radius) {
                                        ball.x = cnv.width + ball.radius;
                                }
                                ball.fill(cxt);
                                break;
                        case "right":
                                ball.x += 3;
                                //检测右边界
                                if (ball.x > cnv.width + ball.radius) {
                                        ball.x = -ball.radius;
                                }
                                ball.fill(cxt);
                                break;
                                //default值
                        default:
                                ball.fill(cxt);
                        }
                }, false);
            }
    </script>
</head>
<body>
    <canvas id="canvas" width="200" height="150" style="border:1px solid silver;"></canvas>
</body>
</html>
```

预览效果如图 15-7 所示。

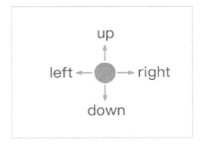

图 15-7　加入键盘控制的边界环绕

▼ 分析

在这个例子中，我们添加了键盘事件，根据键盘中的 "↑""→""↓""←""W""S""A""D" 8 个键来控制小球的移动方向。当小球从一个边界完全消失后，它会从对面的边界重新生成。

对于这种键盘控制的方式，我们在之前已经多次接触了，没有掌握的小伙伴认真记忆一下。

```
switch (key.direction) {
    case "up":
        ......
    case "down":
        ......
    case "left":
        ......
    case "right":
        ......
    default:
        ......
}
```

15.4　边界生成

边界生成，指的是物体完全超出边界之后，会在最开始的位置重新生成。这种技巧非常实用，可用于创建喷泉效果以及各种粒子特效。例如在喷泉效果中，水滴不断地飞溅出来，飞出 Canvas 后会重新出现在水流的源头。

通过边界生成，可以源源不断地为 Canvas 提供运动物体，而又不用担心 Canvas 上的物体过多以至于影响浏览器性能，因为物体的数量是固定不变的。

▼ 语法

```
if (ball.x < -ball.radius ||
    ball.x > cnv.width + ball.radius ||
    ball.y < -ball.radius ||
    ball.y > cnv.height + ball.radius) {
        ......
}
```

▼ 说明

这里使用与运算（||），列举了"完全超出"边界的 4 种情况：超出左边界（ball.x < -ball. radius）、超出右边界（ball.x > cnv.width + ball.radius）、超出下边界（ball.y < -ball.radius）、超出上边界（ball.y > cnv.height + ball.radius）。当这 4 种情况中的任何一种为 true 时，都表示物体已经完全超出了边界。

在介绍具体实例之前，我们先来封装一个获取随机颜色的函数 getRandomColor()。获取随机颜色在 Canvas 开发中会经常用到，因此我们将其封装起来并保存到 tools.js 文件中，以方便后面调用。

```
window.tools.getRandomColor=function(){
    return '#' +
    (function (color) {
        return (color += '0123456789abcdef'[Math.floor(Math.random() * 16)])
```

```
            && (color.length == 6) ? color : arguments.callee(color);
    })('');
}
```

这里我们随机生成了 6 个字符，然后再串到一起，函数返回的结果是一个十六进制颜色值的字符串（如 "#F1F1F1"）。其中闭包调用自身与三元运算符让程序变得更加简洁，写法更为精炼。当然，如果大家的 JavaScript 基础不够扎实，看不懂这段代码也没关系，我们只要会调用就行了。

▐ 举例

```
<!DOCTYPE html>
<html>
<head>
    <meta charset="utf-8" />
    <title></title>
    <script src="js/tools.js"></script>
    <script src="js/ball.js"></script>
    <script>
        function $$(id) {
            return document.getElementById(id);
        }
        window.onload = function () {
            var cnv = $$("canvas");
            var cxt = cnv.getContext("2d");

            //定义一个用来存放小球的数组balls
            var balls = [];
            //n表示小球数量
            var n = 50;

            //生成n个小球,其中小球的color、vx、vy都是随机值
            for (var i = 0; i < n; i++) {
                //球心坐标为Canvas中心,color为随机颜色值
                var ball = new Ball(cnv.width / 2, cnv.height / 2, 5, tools.getRandomColor());
                //ball.vx和ball.vy取值都是: -1~1的任意数
                ball.vx = Math.random() * 2 - 1;
                ball.vy = Math.random() * 2 - 1;
                //添加到数组balls中
                balls.push(ball);
            }

            (function frame() {
                window.requestAnimationFrame(frame);
                cxt.clearRect(0, 0, cnv.width, cnv.height);

                //使用forEach()函数遍历数组balls
                balls.forEach(function (ball) {
                    //边界检测,使得小球完全超出画布后会在中心位置重新生成
                    if (ball.x < -ball.radius ||
                      ball.x > cnv.width + ball.radius ||
                      ball.y < -ball.radius ||
                      ball.y > cnv.height + ball.radius) {
```

```
                          ball.x = cnv.width / 2;
                          ball.y = cnv.height / 2;
                          ball.vx = Math.random() * 2 - 1;
                          ball.vy = Math.random() * 2 - 1;
                      }
                      ball.fill(cxt);

                      ball.x += ball.vx;
                      ball.y += ball.vy;
                  })
              })();
          }
      </script>
  </head>
  <body>
      <canvas id="canvas" width="200" height="150" style="border:1px solid silver;"></canvas>
  </body>
</html>
```

预览效果如图 15-8 所示。

图 15-8　边界生成

在这个例子中，我们首先定义了一个数组 balls 用来存放小球，然后在 for 循环里生成了 n 个小球并且使用 push() 方法将它们添加到数组 balls 中。其中，小球的 color、vx、vy 这 3 个属性的取值都是随机值。最后在动画循环中，我们使用 forEach() 方法遍历数组 balls，并且对每一个小球进行边界检测。当小球完全超出边界后，我们重置小球的中心坐标为 Canvas 中心坐标，并且重新定义小球的 vx、vy 属性值。其中，forEach() 方法用于遍历数组。这个方法非常重要，如果不了解的小伙伴，记得深入了解。

随机数在 Canvas 开发中也是非常重要的，下面我们重点讲解一下随机数方面的技巧。

▶ Math.random() 表示随机生成 0~1 的任意数，因此 Math.random() * 2 - 1 表示随机生成 -1 ~ 1 的任意数。

▶ Math.random() * 2 - 1 表示随机生成 -1 ~ 1 的任意数，有正有负，刚好符合小球的运动有正方向也有反方向的特点，这是非常重要的表示方法。

▶ 如果我们想要 vx、vy 属性的值更大一点，也很简单。只要将 Math.random() * 2 - 1 再乘以一个数就行了，例如 (Math.random() * 2 - 1) * 3 表示随机生成 -3 ~ 3 的数。

　　随机数的技巧非常多，也很灵活，由于这些是属于 JavaScript 的内容，在此不再详细展开。
想要了解更多，可以看一下本书系列的《从 0 到 1: JavaScript 快速上手》。

▌ 举例：加入重力影响

```html
<!DOCTYPE html>
<html>
<head>
    <meta charset="utf-8" />
    <title></title>
    <script src="js/tools.js"></script>
    <script src="js/ball.js"></script>
    <script>
        function $$(id) {
            return document.getElementById(id);
        }
        window.onload = function () {
            var cnv = $$("canvas");
            var cxt = cnv.getContext("2d");

            //balls表示用来存放小球的数组
            var balls = [];
            //n表示小球数量
            var n = 50;
            var gravity = 0.15;

            //生成n个小球，其中小球的color、vx、vy取的都是随机值
            for (var i = 0; i < n; i++) {
                var ball = new Ball(cnv.width / 2, cnv.height / 2, 5, tools.getRandomColor());
                //随机生成-3~3的数
                ball.vx = (Math.random() * 2 - 1) * 3;
                ball.vy = (Math.random() * 2 - 1) * 3;
                balls.push(ball);
            }

            (function frame() {
                window.requestAnimationFrame(frame);
                cxt.clearRect(0, 0, cnv.width, cnv.height);

                //使用forEach()函数遍历数组balls
                balls.forEach(function (ball) {
                    //边界检测，使得小球完全超出画布后会在中心位置重新生成
                    if (ball.x < -ball.radius ||
                      ball.x > cnv.width + ball.radius ||
                      ball.y < -ball.radius ||
                      ball.y > cnv.height + ball.radius) {
                        ball.x = cnv.width / 2;
                        ball.y = cnv.height / 2;
                        ball.vx = (Math.random() * 2 - 1) * 3;
                        ball.vy = (Math.random() * 2 - 1) * 3;
                    }
```

```
                            ball.fill(cxt);

                            ball.x += ball.vx;
                            ball.y += ball.vy;
                            ball.vy += gravity;
                        })
                })();
            }
    </script>
</head>
<body>
    <canvas id="canvas" width="200" height="150" style="border:1px solid silver;"></canvas>
</body>
</html>
```

预览效果如图 15-9 所示。

图 15-9　边界生成（加入重力影响）

▌ 分析

我们在上一个例子的基础上加入了重力的影响，这样可以把小球运动效果模拟得更加逼真。此外我们还可以调整随机数，让喷泉变宽或者变窄，射得更高或者更低。下面我们通过调整随机数，来控制喷泉的方向，从而实现一种"散弹效果"。

▌ 举例：散弹效果

```
<!DOCTYPE html>
<html>
<head>
    <meta charset="utf-8" />
    <title></title>
    <script src="js/tools.js"></script>
    <script src="js/ball.js"></script>
    <script>
        function $$(id) {
            return document.getElementById(id);
        }
        window.onload = function () {
            var cnv = $$("canvas");
            var cxt = cnv.getContext("2d");

            //balls表示用来存放小球的数组
            var balls = [];
```

```
//n表示小球数量
var n = 50;

//生成n个小球，其中小球的color、vx、vy取的都是随机值
for (var i = 0; i < n; i++) {
    var ball = new Ball(cnv.width / 2, cnv.height / 2, 5, tools.getRandomColor());
    ball.vx = 3;
    ball.vy = (Math.random() * 2 - 1) * 3;
    balls.push(ball);
}

(function frame() {
    window.requestAnimationFrame(frame);
    cxt.clearRect(0, 0, cnv.width, cnv.height);

    //使用forEach()函数遍历数组balls
    balls.forEach(function (ball) {
        //当小球完全超出画布时，会在中心位置重新生成
        if (ball.x < -ball.radius ||
          ball.x > cnv.width + ball.radius ||
          ball.y < -ball.radius ||
          ball.y > cnv.height + ball.radius) {
            ball.x = cnv.width / 2;
            ball.y = cnv.height / 2;
            //随机产生3~4的任意数
            ball.vx = Math.random() + 3;
            //随机产生-3~3的任意数
            ball.vy = (Math.random() * 2 - 1) * 3;
        }
        ball.fill(cxt);

        ball.x += ball.vx;
        ball.y += ball.vy;
    })
})();
    }
    </script>
</head>
<body>
    <canvas id="canvas" width="200" height="150" style="border:1px solid silver;"></canvas>
</body>
</html>
```

预览效果如图15-10所示。

图15-10　散弹效果

▼ 分析

看到这种散弹效果，是否让我们感到小时候玩小游戏的那股激情又回来了呢？不一样的是，以前我们只是"玩"，现在我们可以亲手"做"出来了！

实际上，我们可以通过调整随机数的范围控制物体的运动方向和范围，从而实现各种有趣的效果，小伙伴们可以自己尝试一下。

此外，我们还可以使用小星星、火花等来代替小球以实现更酷的效果。技巧已经交给大家了，至于能够做出什么效果，这个就得看小伙伴们的想象力了。当然，要想实现更为复杂的效果，还得继续学习后面的内容。手中有粮，心中才会不慌嘛。

边界生成这个技巧相当重要，可以帮助我们做出很多非常棒的效果，特别是在粒子系统中扮演着非常重要的角色，所以请大家一定要认真掌握。

15.5　边界反弹

边界反弹，指的是物体触碰到边界之后就会反弹回来，就像现实世界中小球碰到墙壁会反弹一样。

物体触碰边界就反弹，说明我们需要判断物体什么时候碰到边界，这也就是需要进行边界检测。在物体碰到边界后，我们需要做两件事：保持它的位置不变；改变它的速度向量。

也就是说，如果物体碰到左边界或右边界，就对 vx（x 轴方向速度）取反，而 vy 不变；如果物体碰到上边界或下边界，就对 vy（y 轴方向速度）取反，而 vx 不变。

▼ 语法

```
//碰到左边界
if (ball.x < ball.radius) {
    ball.x = ball.radius;
    vx = -vx;
//碰到右边界
} else if (ball.x > canvas.width - ball.radius) {
    ball.x = canvas.width - ball.radius;
    vx = -vx;
}
//碰到上边界
if (ball.y < ball.radius) {
    ball.y = ball.radius;
    vy = -vy;
//碰到下边界
} else if (ball.y > canvas.height - ball.radius) {
    ball.y = canvas.height - ball.radius;
    vy = -vy;
}
```

▼ 说明

边界反弹跟边界环绕的判断条件是不一样的。在边界环绕中，判断的是小球"完全超出"边界的情况。而在边界反弹中，判断的是小球"刚刚碰到"边界的情况。这一点大家要区分好。不过两者思想是一样的：都要进行边界检测，然后再进行相应操作。

通过上面以及之前的学习，相信大家对于边界检测已经有了很深的理解：边界检测代码不是"死"的，我们应该根据实际开发需求来改进，而不是生搬硬套。在边界检测中，共通的是它的思想，而不是它的语法。

▌ 举例：单球反弹

```
<!DOCTYPE html>
<html>
<head>
    <meta charset="utf-8" />
    <title></title>
    <script src="js/tools.js"></script>
    <script src="js/ball.js"></script>
    <script>
        function $$(id) {
            return document.getElementById(id);
        }
        window.onload = function () {
            var cnv = $$("canvas");
            var cxt = cnv.getContext("2d");

            var ball = new Ball(cnv.width / 2, cnv.height / 2);
            //随机产生-3~3的任意数，作为vx、vy的值
            var vx = (Math.random() * 2 - 1) * 3;
            var vy = (Math.random() * 2 - 1) * 3;

            (function drawFrame() {
                window.requestAnimationFrame(drawFrame);
                cxt.clearRect(0, 0, cnv.width, cnv.height);

                ball.x += vx;
                ball.y += vy;

                //边界检测
                //碰到左边界
                if (ball.x < ball.radius) {
                    ball.x = ball.radius;
                    vx = -vx;
                //碰到右边界
                } else if (ball.x > canvas.width - ball.radius) {
                    ball.x = canvas.width - ball.radius;
                    vx = -vx;
                }
                //碰到上边界
                if (ball.y < ball.radius) {
                    ball.y = ball.radius;
                    vy = -vy;
                //碰到下边界
                } else if (ball.y > canvas.height - ball.radius) {
                    ball.y = canvas.height - ball.radius;
                    vy = -vy;
```

```
                        }

                        ball.fill(cxt);
                    })();
                }
        </script>
    </head>
    <body>
        <canvas id="canvas" width="200" height="150" style="border:1px solid silver;"></canvas>
    </body>
</html>
```

预览效果如图 15-11 所示。

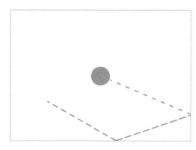

图 15-11　单球反弹

分析

在这个例子中，我们在画布中心生成了一个小球，小球的 x 轴方向速度 vx 和 y 轴方向速度 vy 都是随机值。然后我们在动画循环中对小球进行边界检测，如果碰到边界就反弹。

▶　如果小球从碰到左边界或右边界的时候，就对 vx 取反，而 vy 不变。

▶　如果小球从碰到上边界或下边界的时候，就对 vy 取反，而 vx 不变。

其中 Math.random() * 2 − 1 表示随机产生 −1~1 的任意数，这是专门用于针对物体运动方向有正负之分的情况，从而使得物体可以沿任意方向运动。这个技巧我们在 "15.4 边界环绕"中已经详细介绍过了。

这个例子是单球反弹的效果，下面我们在这个例子的基础上实现更加复杂的效果：多球反弹。在多球反弹效果中，我们仅仅考虑球与边界之间的碰撞，不考虑球与球之间的碰撞。球与球之间的碰撞比较复杂，我们会在 "第 16 章 碰撞检测"中给大家详细介绍。

▌ 举例：多球反弹

```
<!DOCTYPE html>
<html>
<head>
    <meta charset="utf-8" />
    <title></title>
    <script src="js/tools.js"></script>
    <script src="js/ball.js"></script>
    <script>
        function $$(id) {
```

```
        return document.getElementById(id);
}
window.onload = function () {
    var cnv = $$("canvas");
    var cxt = cnv.getContext("2d");

    //定义一个用来存放小球的数组balls
    var balls = [];
    //n表示小球数量
    var n = 10;

    //生成n个小球，其中小球的color、vx、vy都是随机的
    for (var i = 0; i < n; i++) {
        var ball = new Ball(cnv.width / 2, cnv.height / 2, 8, tools.getRandomColor());
        //随机产生-3~3的任意数，作为vx、vy的值
        ball.vx = (Math.random() * 2 - 1) * 3;
        ball.vy = (Math.random() * 2 - 1) * 3;
        //添加到数组balls中
        balls.push(ball);
    }

    (function frame() {
        window.requestAnimationFrame(frame);
        cxt.clearRect(0, 0, cnv.width, cnv.height);

        //使用forEach()函数遍历数组balls
        balls.forEach(function (ball) {
            ball.x += ball.vx;
            ball.y += ball.vy;

            //边界检测
            //碰到左边界
            if (ball.x < ball.radius) {
                ball.x = ball.radius;
                ball.vx = -ball.vx;
            //碰到右边界
            } else if (ball.x > canvas.width - ball.radius) {
                ball.x = canvas.width - ball.radius;
                ball.vx = -ball.vx;
            }
            //碰到上边界
            if (ball.y < ball.radius) {
                ball.y = ball.radius;
                ball.vy = -ball.vy;
            //碰到下边界
            } else if (ball.y > canvas.height - ball.radius) {
                ball.y = canvas.height - ball.radius;
                ball.vy = -ball.vy;
            }

            ball.fill(cxt);
```

```
                    })
                })();
            }
        </script>
    </head>
    <body>
        <canvas id="canvas" width="200" height="150" style="border:1px solid silver;"></canvas>
    </body>
    </html>
```

预览效果如图 15-12 所示。

图 15-12　多球反弹

▌ 分析

在这个例子中，我们首先定义了一个数组 balls 来存放小球，然后使用 for 循环生成 n 个小球并且使用 push() 方法将它们添加到数组 balls 中。其中，小球的 color、vx、vy 这 3 个属性取值都是随机的。最后在动画循环中，我们使用 forEach() 方法遍历数组 balls，并且对每一个小球进行边界检测，从而实现反弹效果。

经过这一章的学习，我们对多物体运动也有了更多的了解。多物体运动看似复杂，其实如果知道技巧，实现起来也没有想象中那么难。对于多物体运动，一般情况下我们都是采取以下 3 个步骤进行处理。

① 定义一个数组来存放多个物体。

② 使用 for 循环生成单个物体，然后使用 push() 方法将其添加到数组中。

③ 在动画循环中，使用 forEach() 方法遍历数组，从而处理单个物体。

第16章

碰撞检测

16.1　碰撞检测简介

上一章我们学习了边界检测，这一章再来给大家介绍一下碰撞检测方面的知识。

在边界检测中，我们检测的是"物体与边界"之间是否发生碰撞。不过在碰撞检测中，我们检测的是"物体与物体"之间是否发生碰撞。也就是说，边界检测与碰撞检测的区别在于检测对象的不同。

碰撞检测在动画开发以及游戏开发中非常重要。例如在射击游戏中，炮弹碰到小怪兽，小怪兽会掉 HP，这就需要对炮弹与小怪兽进行检测才知道两者是否发生碰撞。再举一个例子，在桌球游戏中，小球碰撞到其他球会发生反弹，这时需要对这些小球进行检测，才知道它们是否发生碰撞。

碰撞检测比较常用的是以下 2 种方法。

▶ 外接矩形判定法。
▶ 外接圆判定法。

16.2　外接矩形判定法

外接矩形判定法，指的是如果检测物体是一个矩形或近似矩形，我们可以把这个物体抽象成一个矩形，然后用判断两个矩形是否碰撞的方法进行检测。简单来说，就是把物体看成一个矩形来处理。

对于外接矩形判定法，我们一般需要两步：一是"找出物体的外接矩形"，二是"对外接矩形进行碰撞检测"。

想要找出物体的外接矩形，很简单。我们选择一个物体，在它周围画一个矩形。矩形的上边穿过物体最顶端的像素，下边穿过物体最底端的像素，然后左边穿过物体最左端的像素，右边穿过物体最右端的像素。

按照以上方法，对于图 16-1 中的几对图形，我们找出它们的外接矩形如图 16-2 所示。图 16-1 中的圆、五角星、心形这 3 对图形，看似没有碰上，但是如果根据它们的外接矩形来判断，事实上它们每一对都发生了碰撞。

图 16-1 没有加入外接矩形

图 16-2 加入了外接矩形

在实际开发中，对于五角星、心形这种不规则图形，如果单纯地从它们的形状来判断两两是否发生碰撞，是比较困难的，因此我们都是直接根据它们的外接矩形是否碰撞来判断。从上面我们也知道，使用外接矩形判定法，会存在一定的误差。不过即使这样，这种方法却可以大大降低我们计算的复杂度。毕竟有舍才有得嘛。

判断两个矩形是否发生碰撞，我们只需要判断：两个矩形左上角顶点的坐标所处的范围。如果两个矩形左上角顶点的坐标满足一定条件，则可判定两个矩形发生了碰撞。

▍语法

```
window.tools.checkRect = function (rectA, rectB) {
    return !(rectA.x + rectA.width < rectB.x ||
            rectB.x + rectB.width < rectA.x ||
            rectA.y + rectA.height < rectB.y ||
            rectB.y + rectB.height < rectA.y);
}
```

▍说明

我们在 tools.js 中文件增加一个 checkRect() 方法，用于判断两个矩形是否发生碰撞。如果上面 4 个条件都不满足的话，checkRect() 方法返回的值都是 true，则表示两个矩形已经发生了碰撞。

这里还是拿我们最爱的小球来测试一下。我们在 ball.js 文件中定义一个 getRect() 方法，用于求出小球的外接矩形。大家别忘了在 ball.js 文件中添加这个方法喔。

```
Ball.prototype ={
    getRect: function () {
        var rect = {
            x: this.x - this.radius,
            y: this.y - this.radius,
            width: this.radius * 2,
            height: this.radius * 2
        };
        return rect;
    }
}
```

▮ 举例

```html
<!DOCTYPE html>
<html>
<head>
    <meta charset="utf-8" />
    <title></title>
    <script src="js/tools.js"></script>
    <script src="js/ball.js"></script>
    <script>
        function $$(id) {
            return document.getElementById(id);
        }
        window.onload = function () {
            var cnv = $$("canvas");
            var cxt = cnv.getContext("2d");
            var msg = document.getElementById("msg");

            //定义一个位置固定的小球ballA
            var ballA = new Ball(cnv.width / 2, cnv.height / 2, 30);
            //获取ballA的外接矩形
            var rectA = ballA.getRect();
            var mouse = tools.getMouse(cnv);

            (function frame() {
                window.requestAnimationFrame(frame);
                cxt.clearRect(0, 0, cnv.width, cnv.height);

                //绘制ballA及它的外接矩形
                ballA.fill(cxt);
                cxt.strokeRect(rectA.x, rectA.y, rectA.width, rectA.height);

                //定义一个位置不固定的小球ballB，追随鼠标指针移动
                var ballB = new Ball(mouse.x, mouse.y, 30);
                //获取ballB的外接矩形
                var rectB = ballB.getRect();

                //绘制ballB及它的外接矩形
                ballB.fill(cxt);
                cxt.strokeRect(rectB.x, rectB.y, rectB.width, rectB.height);

                //碰撞检测
                if (tools.checkRect(rectA, rectB)) {
                    msg.innerHTML = "撞上了";
                } else {
                    msg.innerHTML = "没撞上";
                }
            })();
        }
    </script>
</head>
<body>
```

```
<canvas id="canvas" width="270" height="200" style="border:1px solid silver;"></canvas>
<p id="msg"></p>
</body>
</html>
```

预览效果如图 16-3 所示。

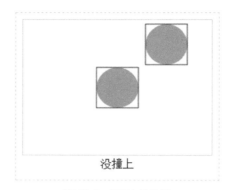

图 16-3　没撞上的效果

两个外接矩形发生了碰撞，此时预览效果如图 16-4 所示。

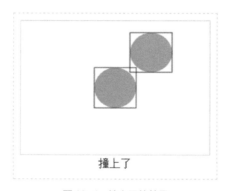

图 16-4　撞上了的效果

▮ 分析

在这个例子中，我们定义了两个小球：ballA 和 ballB。其中 ballA 的位置是固定的，ballB 的位置是随鼠标指针位置改变而改变的。我们使用 getRect() 方法求出这两个小球的外接矩形，然后使用 tools.checkRect() 方法对这两个外接矩形进行碰撞检测。

俄罗斯方块，相信绝大多数小伙伴都是玩这个经典游戏长大的。接下来，我们试着用碰撞检测的方法实现一个非常简单的类似俄罗斯方块的小游戏。

在动手做之前，我们需要定义一个 Box 类，专门用于生成大小不一的方块。我们把 Box 类代码存放在 box.js 文件中。其中，Box 类代码如下。

```
function Box(x, y, width, height, color) {
    //小球中心的x坐标，默认值为0
    this.x = x || 0;
    //小球中心的y坐标，默认值为0
```

```
        this.y = y || 0;
        //小球宽度，默认值为 80
        this.width = width || 80;
        //小球高度，默认值为 40
        this.height = height || 40;

        this.color = color || "red";
        //x和y速度
        this.vx = 0;
        this.vy = 0;
    }
Box.prototype = {
    //绘制描边矩形
    stroke: function (cxt) {
        cxt.save();
        cxt.strokeStyle = this.color;
        cxt.beginPath();
        cxt.rect(this.x, this.y, this.width, this.height);
        cxt.closePath();
        cxt.stroke();
        cxt.restore();
    },
    //绘制填充矩形
    fill: function (cxt) {
        cxt.save();
        cxt.fillStyle = this.color;
        cxt.beginPath();
        cxt.rect(this.x, this.y, this.width, this.height);
        cxt.closePath();
        cxt.fill();
        cxt.restore();
    }
}
```

　　有了这个 Box 类，我们就可以撸起袖子开始做了。不过别忘了引入 box.js 文件喔，不然我们是无法使用这个 Box 类的。

▼ 举例

```
<!DOCTYPE html>
<html>
<head>
    <meta charset="utf-8" />
    <title></title>
    <script src="js/tools.js"></script>
    <script src="js/box.js"></script>
    <script>
        function $$(id) {
            return document.getElementById(id);
        }
        window.onload = function () {
            var cnv = $$("canvas");
```

```
                    var cxt = cnv.getContext("2d");

                    //定义一个用来存放方块的数组boxes
                    var boxes = [];
                    //定义一个 "当前活动" 的方块
                    var activeBox = createBox();
                    //定义方块的y轴速度
                    var vy = 2;

                    //定义一个函数createBox()，用于创建一个新的方块
                    function createBox() {
                        var x = Math.random() * cnv.width;
                        var y = 0;
                        var width = Math.random() * 40 + 10;
                        var height = Math.random() * 40 + 10;
                        var color = tools.getRandomColor();
                        var box = new Box(x, y, width, height, color);
                        //添加到数组boxes中
                        boxes.push(box);
                        return box;
                    }

                    (function frame() {
                        window.requestAnimationFrame(frame);
                        cxt.clearRect(0, 0, cnv.width, cnv.height);

                        activeBox.y += vy;

                        //边界检测，如果到达底部，则创建一个新的box
                        if (activeBox.y > cnv.height - activeBox.height) {
                            activeBox.y = cnv.height - activeBox.height;
                            activeBox = createBox();
                        }
                        //遍历数组boxes，以便单独处理每一个box
                        boxes.forEach(function (box) {
                            /*如果当前遍历的box不是 "活动方块（activeBox）"，并且当前遍历的方块与 "活动方
块（activeBox）" 碰上了，则创建新的方块*/
                            if (activeBox !== box && tools.checkRect(activeBox, box)) {
                                activeBox.y = box.y - activeBox.height;
                                activeBox = createBox();
                            }
                            box.fill(cxt);
                        });
                    })();

                }
        </script>
    </head>
    <body>
        <canvas id="canvas" width="270" height="200" style="border:1px solid silver;"></canvas>
    </body>
</html>
```

预览效果如图 16-5 所示。

图 16-5　俄罗斯方块效果

▌ 分析

实现原理很简单，这里的 box 有两种状态：一个是"正在下落的 activeBox()"，另外一个是"已经停止的 box"。当画布中出现第 1 个 box 时，activeBox 和 box 都是它，所以 boxes.forEach() 不会进行碰撞检测。

当第 1 个 box 落到底部后，就会创建第 2 个 box。此时的 activeBox 就应该是第 2 个 box。之后第 2 个 box（activeBox）在下落的过程中，就会与数组 boxes 中已有的矩形做碰撞检测，然后依次循环。

在碰撞检测中，方块需要确保检测对象不是自己，然后用 tools.checkRect() 方法检测两个方块是否碰撞。

▌ 举例：加入键盘控制

```
<!DOCTYPE html>
<html>
<head>
    <meta charset="utf-8" />
    <title></title>
    <script src="js/tools.js"></script>
    <script src="js/box.js"></script>
    <script>
        function $$(id) {
            return document.getElementById(id);
        }
        window.onload = function () {
            var cnv = $$("canvas");
            var cxt = cnv.getContext("2d");

            //定义一个用来存放方块的数组boxes
            var boxes = [];
            //定义一个"当前活动"的方块
            var activeBox = createBox();
            //定义方块的y轴速度
            var vy = 1.5;
```

```javascript
//加入键盘控制
var key = tools.getKey();
window.addEventListener("keydown", function () {
    switch(key.direction)
    {
        case "down":
            activeBox.y += 5;
            break;
        case "left":
            activeBox.x -= 10;
            break;
        case "right":
            activeBox.x += 10;
            break;
    }
}, false);

//定义一个函数createBox()，用于创建一个新的方块
function createBox() {
    var x = Math.random() * cnv.width;
    var y = 0;
    var width = Math.random() * 40 + 10;
    var height = Math.random() * 40 + 10;
    var color = tools.getRandomColor();
    var box = new Box(x, y, width, height, color);
    //添加到数组boxes中
    boxes.push(box);
    return box;
}

(function frame() {
    window.requestAnimationFrame(frame);
    cxt.clearRect(0, 0, cnv.width, cnv.height);

    activeBox.y += vy;

    //边界检测，如果到达底部，则创建一个新的box
    if (activeBox.y > cnv.height - activeBox.height) {
        activeBox.y = cnv.height - activeBox.height;
        activeBox = createBox();
    }
    //遍历数组boxes，以便单独处理每一个box
    boxes.forEach(function (box) {
        /*如果当前遍历的box不是"活动方块（activeBox）"，并且当前遍历的方块与
        "活动方块（activeBox）"碰上了，则创建新的方块*/
        if (activeBox !== box && tools.checkRect(activeBox, box)) {
            activeBox.y = box.y - activeBox.height;
            activeBox = createBox();
        }
        box.fill(cxt);
    });
```

```
                })();

            }
        </script>
    </head>
    <body>
        <canvas id="canvas" width="270" height="200" style="border:1px solid silver;"></canvas>
    </body>
</html>
```

预览效果如图 16-6 所示。

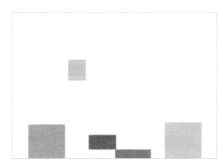

图 16-6　俄罗斯方块效果（加入键盘控制）

▊ 分析

这个例子只是在上一个例子的基础上加入了键盘控制，实现起来还是非常简单的。实际上，这跟我们平常玩的俄罗斯方块还是有很大差距的。小伙伴们经过这一节的学习，可以思考一下怎么实现一个真正好玩的俄罗斯方块小游戏。

此外，对于碰撞检测的外接矩形判定法，还有两点要跟大家说一下。

▶ 这一节使用的 getRect() 方法只针对圆形小球而言，对于其他不规则图形，如五角星、心形等，我们需要根据它们的形状特点，然后定义一个属于它们自己的外接矩形的方法。

▶ 对于任何物体的碰撞检测，只要这个物体是一个矩形或近似矩形，我们都可以把这个物体抽象成一个矩形，然后使用外接矩形判定法来进行碰撞检测。

16.3　外接圆判定法

外接圆判定法，指的是如果检测物体是一个圆或近似圆，我们可以把这个物体抽象成一个圆，然后用判断两个圆是否碰撞的方法进行检测。简单来说，就是把物体看成一个圆来处理。

对于外接圆判定法，我们一般也需要两步：一是"找出物体的外接圆"，二是"对外接圆进行碰撞检测"。

想要找出物体的外接圆，也很简单。我们选择一个物体，在它周围画一个圆使这个外接圆可以把这个物体圈起来。

按照以上方法，对于图 16-7 中的几对图形，它们的外接圆如图 16-8 所示。图 16-7 中的五角星、心形这两对图形，看似没有碰上，但是如果根据它们的外接圆来判断，事实上它们每一对都发生了碰撞。

图 16-7　没有加入外接圆

图 16-8　加入外接圆

在实际开发中，什么时候用外接矩形判定法，什么时候用外接圆判定法，取决于物体的形状。一句话：哪个方法误差较小，就用哪个。

判断两个圆是否发生碰撞，我们只需要判断"两个圆心之间的距离"。如果两个圆心之间的距离大于或等于两个圆的半径之和，则两个圆没有发生碰撞；如果两个圆心之间的距离小于两个圆的半径之和，则两个圆发生了碰撞。

▌ 语法

```
window.tools.checkCircle = function (circleB, circleA) {
    var dx = circleB.x - circleA.x;
    var dy = circleB.y - circleA.y;
    var distance = Math.sqrt(dx * dx + dy * dy);
    if (distance < (circleA.radius + circleB.radius)) {
        return true;
    }
    else {
        return false;
    }
}
```

▌ 说明

我们在 tools.js 文件中增加一个 checkCircle() 方法，用于判断两个圆是否发生碰撞。在外接圆判定法中，由于我们都是把物体当成圆来处理，所以在下面的例子中，直接拿小球做测试就行了。

▌ 举例

```
<!DOCTYPE html>
<html>
<head>
    <meta charset="utf-8" />
    <title></title>
    <script src="js/tools.js"></script>
    <script src="js/ball.js"></script>
    <script>
```

```
function $$(id) {
    return document.getElementById(id);
}
window.onload = function () {
    var cnv = $$("canvas");
    var cxt = cnv.getContext("2d");
    var txt = document.getElementById("txt");

    //定义一个位置固定的小球ballA
    var ballA = new Ball(cnv.width/2, cnv.height / 2, 20, "#FF6699");
    var mouse = tools.getMouse(cnv);

    (function frame() {
        window.requestAnimationFrame(frame);
        cxt.clearRect(0, 0, cnv.width, cnv.height);

        //定义一个位置不固定的小球ballB，小球追随鼠标指针移动
        var ballB = new Ball(mouse.x, mouse.y, 20, "#66CCFF");

        //碰撞检测
        if(tools.checkCircle(ballB, ballA)){
            txt.innerHTML = "撞上了";
        } else{
            txt.innerHTML = "没撞上";
        }

        ballA.fill(cxt);
        ballB.fill(cxt);
    })();
}
</script>
</head>
<body>
    <canvas id="canvas" width="200" height="150" style="border:1px solid silver;"></canvas>
    <p id="txt"></p>
</body>
</html>
```

预览效果如图16-9所示。

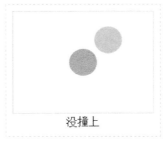

图16-9 没撞上的效果

当两个小球撞上了，此时预览效果如图 16-10 所示。

撞上了

图 16-10　撞上了的效果

▼ 分析

在这个例子中，我们定义了两个小球：ballA 和 ballB。其中 ballA 的位置是固定的，ballB 的位置是随鼠标指针位置改变而改变的。我们使用 tools.checkCircle() 方法对两个小球进行碰撞检测。

▼ 举例

```
<!DOCTYPE html>
<html>
<head>
    <meta charset="utf-8" />
    <title></title>
    <script src="js/tools.js"></script>
    <script src="js/ball.js"></script>
    <script>
        function $$(id) {
            return document.getElementById(id);
        }
        window.onload = function () {
            var cnv = $$("canvas");
            var cxt = cnv.getContext("2d");

            //定义两个小球：ballA和ballB
            var ballA = new Ball(0, cnv.height / 2, 12, "#FF6699");
            var ballB = new Ball(cnv.width, cnv.height / 2, 12, "#66CCFF");
            //定义小球x轴速度
            var vx = 2;

            (function frame() {
                window.requestAnimationFrame(frame);
                cxt.clearRect(0, 0, cnv.width, cnv.height);

                ballA.x += vx;
                ballB.x += -vx;

                //如果发生碰撞，则速度取反
                if(tools.checkCircle(ballB, ballA)){
                    vx = -vx;
                }
```

```
                ballA.fill(cxt);
                ballB.fill(cxt);
            })();
        }
    </script>
</head>
<body>
    <canvas id="canvas" width="270" height="200" style="border:1px solid silver;"></canvas>
</body>
</html>
```

预览效果如图 16-11 所示。

图 16-11　小球碰撞反弹

▼ **分析**

在这个例子中，我们定义了两个小球。当小球发生碰撞时，会进行反弹，然后沿着与原来相反的方向运动。

外接矩形判定法与外接圆判定法都可能存在误差，但是这两个方法却可以大幅减少计算量，使得碰撞检测实现起来非常简单。对于两个物体的碰撞检测，是使用外接矩形判定法，还是使用外接圆判定法，取决于物体形状更接近矩形还是圆形。简单来说，哪个误差小，就选择哪个。

16.4　多物体碰撞

16.4.1　排列组合

如果画布中只有两三个物体，那么检测它们是否碰撞是非常简单的。但是当物体越来越多时，就需要认真思考一下怎么来实现了。除了不能有遗漏，我们还得考虑实现算法的性能（避免重复检测）。

当画布中只有两个物体时，只有一种碰撞情况：A-B。当画布中有 3 个物体时，共有 3 种情况：A-B、A-C、B-C。当画布中有 4 个物体时，共有 6 种情况：A-B、A-C、A-D、B-C、B-D、C-D。依次类推。

咦？怎么有点似曾相识的感觉呢？没错，这就是我们高中数学中的排列组合。这里，一定要记住：A–B 与 B–A 是一种情况，同理，A–C 与 C–A 也是一种情况。因为两个物体的碰撞是相互的，你碰我，不就等于我碰你了？所以在计算的时候，不要把这种重复情况加进去。

如果有 n 个物体，根据排列组合知识可以知道，此时共有 n×(n-1)/2 种碰撞情况，计算过程如下。

$$(n-1)+(n-2)+\cdots+1$$
$$=(n-1+1)\times(n-1)/2$$
$$=n\times(n-1)/2$$

从排列组合公式我们知道：2 个物体有 1 种情况，3 个物体有 2 种情况，4 个物体有 6 种情况……10 个物体有 45 种情况。像 10 个物体，要进行 45 次碰撞检测。45 次就足够了，肯定不需要更多。但是很多初学者由于不懂排列组合，往往会写出一些低效率的算法，对 10 个物体可能进行了 90 次检测（10×9=90）。之所以出现这种情况，是因为把重复的情况加进去了。

对于 n 个物体碰撞次数的计算，以后大家直接套用公式就可以了。当然，这个公式不用记忆，稍微推理一下就可以了。接下来，我们尝试用代码来理解多物体碰撞的情况。

16.4.2　多物体碰撞

假设我们有 5 个小球，分别为 ball0、ball1、ball2、ball3 和 ball4，它们都是运动的。如果想要检测它们之间是否碰撞，我们首先想到的肯定是双重循环：外层循环每次取出一个小球，内层循环再把拿出来的小球与其他小球进行检测，代码如下。

```
balls.forEach(function(ballA,i){
    for(var j = 0;balls.length;j++){
        var ballB = balls[j];
        if(tools.checkCircle(ballA,ballB)){
            ......
        }
    }
});
```

对于 5 个物体，上面的循环共进行了 5×5=25 次检测，所有检测情况如下。

```
ball0与ball0,ball1,ball2,ball3,ball4
ball1与ball0,ball1,ball2,ball3,ball4
ball2与ball0,ball1,ball2,ball3,ball4
ball3与ball0,ball1,ball2,ball3,ball4
ball4与ball0,ball1,ball2,ball3,ball4
```

看起来没毛病啊，实际上这段代码存在以下两个大问题。

▶ ball0 与 ball0，也就是物体自身跟自身也做了检测。

▶ ball1 与 ball2 检测之后，我们又做了一次 ball2 与 ball1 的检测。

对于第 1 个问题，我们可以在碰撞检测之前，用"i!=j"来判断。改进后的代码如下。

```
balls.forEach(function(ballA,i){
    for(var j = 0;balls.length;j++){
        var ballB = balls[j];
```

```
        if( i!=j &&tools.checkCircle(ballA,ballB)){
                ......
        }
    }
});
```

对于第 2 个问题来说，如果把这个问题也解决了，那么所有的碰撞情况应该是这样的。

```
ball0与ball1,ball2,ball3,ball4
ball1与ball2,ball3,ball4
ball2与ball3,ball4
ball3与ball4
ball4与"没有了"
```

观察上面碰撞情况，我们可以知道：当外层循环 i 为 0 时，内层循环的 j 应该为 1；当外层循环的 i 为 1 时，内层循环的 j 应该为 2……由此我们总结出一个规律：j=i+1。这样，第 2 个问题就解决了。由于 j 与 i 具有 j=i+1 的关系，这样我们也不需要判断 "i!=j" 了，也就是第 1 个问题也同时被解决了。改进后的代码如下：

```
balls.forEach(function(ballA,i){
    for(var j = i + 1;balls.length;j++){
        var ballB = balls[j];
        if(tools.checkCircle(ballA,ballB)){
            ......
        }
    }
});
```

至此，我们已经完成了多物体碰撞检测的算法。接下来，我们尝试动手实现。

▼ 举例

```
<!DOCTYPE html>
<html>
<head>
    <meta charset="utf-8" />
    <title></title>
    <script src="js/tools.js"></script>
    <script src="js/ball.js"></script>
    <script>
        function $$(id) {
            return document.getElementById(id);
        }
        window.onload = function () {
            var cnv = $$("canvas");
            var cxt = cnv.getContext("2d");

            var n = 8;
            var balls = [];

            //生成n个小球，小球的x、y、color、vx、vy属性的取值都是随机值
            for (var i = 0; i < n; i++) {
```

```
        ball = new Ball();
        ball.x = Math.random() * cnv.width;
        ball.y = Math.random() * cnv.height;
        ball.radius = 10;
        ball.color = tools.getRandomColor();
        ball.vx = Math.random() * 6 - 3;
        ball.vy = Math.random() * 6 - 3;
        //添加到数组balls中
        balls.push(ball);
    }


//碰撞检测（小球与小球）
function checkCollision(ballA,i)
{
    for (var j = i + 1; j < balls.length; j++) {
        var ballB = balls[j];
        //如果两个小球碰撞，则碰撞后vx、vy都取相反值
        if (tools.checkCircle(ballB, ballA)) {
            ballA.vx = -ballA.vx;
            ballA.vy = -ballA.vy;
            ballB.vx = -ballB.vx;
            ballB.vy = -ballB.vy;
        }
    }
}


//边界检测（小球与边界）
function checkBorder(ball) {
    //碰到左边界
    if (ball.x < ball.radius) {
        ball.x = ball.radius;
        ball.vx = -ball.vx;
    //碰到右边界
    } else if (ball.x > canvas.width - ball.radius) {
        ball.x = canvas.width - ball.radius;
        ball.vx = -ball.vx;
    }
    //碰到上边界
    if (ball.y < ball.radius) {
        ball.y = ball.radius;
        ball.vy = -ball.vy;
    //碰到下边界
    } else if (ball.y > canvas.height - ball.radius) {
        ball.y = canvas.height - ball.radius;
        ball.vy = -ball.vy;
    }
}


//绘制小球
function drawBall(ball) {
    ball.fill(cxt);
```

```
                ball.x += ball.vx;
                ball.y += ball.vy;
            }

            (function frame() {
                window.requestAnimationFrame(frame);
                cxt.clearRect(0, 0, cnv.width, cnv.height);

                //碰撞检测
                balls.forEach(checkCollision);
                //边界检测
                balls.forEach(checkBorder);
                //绘制小球
                balls.forEach(drawBall);
            })();
        }
    </script>
</head>
<body>
    <canvas id="canvas" width="200" height="150" style="border:1px solid silver;"></canvas>
</body>
</html>
```

预览效果如图 16-12 所示。

图 16-12 多球碰撞

▼ 分析

看似效果是实现了，实际上这个程序还存在一个 bug：小球与小球可能存在重叠的情况，如图 16-13 所示。

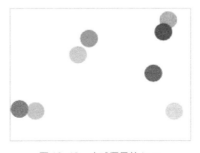

图 16-13 小球重叠的 bug

针对这个 bug，我们可以尝试在小球与小球碰撞的同时，给 ball.x 与 ball.y 加上一定的偏移量。偏移量不要太大，也不要太小，取小球的半径就好。改进后的代码如下。

举例

```
<!DOCTYPE html>
<html>
<head>
    <meta charset="utf-8" />
    <title></title>
    <script src="js/tools.js"></script>
    <script src="js/ball.js"></script>
    <script>
        function $$(id) {
            return document.getElementById(id);
        }
        window.onload = function () {
            var cnv = $$("canvas");
            var cxt = cnv.getContext("2d");

            var n = 8;
            var balls = [];

            //生成n个小球，小球的x、y、color、vx、vy属性的取值都是随机值
            for (var i = 0; i < n; i++) {
                ball = new Ball();
                ball.x = Math.random() * cnv.width;
                ball.y = Math.random() * cnv.height;
                ball.radius = 10;
                ball.color = tools.getRandomColor();
                ball.vx = Math.random() * 6 - 3;
                ball.vy = Math.random() * 6 - 3;
                //添加到数组balls中
                balls.push(ball);
            }

            //碰撞检测（小球与小球）
            function checkCollision(ballA,i)
            {
                for (var j = i + 1; j < balls.length; j++) {
                    var ballB = balls[j];
                    //如果两个小球碰撞，则碰撞后vx、vy都取相反值
                    if (tools.checkCircle(ballB, ballA)) {
                        ballA.vx = -ballA.vx;
                        ballA.vy = -ballA.vy;
                        ballB.vx = -ballB.vx;
                        ballB.vy = -ballB.vy;

                        //每次碰撞，为小球的x、y加入偏移量，避免相互重叠
                        if (ballA.vx > 0) {
                            ballA.x += 5;
                        } else {
```

```
                    ballA.x -= 5;
                }
                if (ballA.vy > 0) {
                    ballA.y += 5;
                } else {
                    ballA.y -= 5;
                }
                if (ballB.vx > 0) {
                    ballB.x += 5;
                } else {
                    ballB.x -= 5;
                }
                if (ballB.vy > 0) {
                    ballB.y += 5;
                } else {
                    ballB.y -= 5;
                }
            }
        }
}

//边界检测（小球与边界）
function checkBorder(ball) {
    //碰到左边界
    if (ball.x < ball.radius) {
        ball.x = ball.radius;
        ball.vx = -ball.vx;
    //碰到右边界
    } else if (ball.x > canvas.width - ball.radius) {
        ball.x = canvas.width - ball.radius;
        ball.vx = -ball.vx;
    }
    //碰到上边界
    if (ball.y < ball.radius) {
        ball.y = ball.radius;
        ball.vy = -ball.vy;
    //碰到下边界
    } else if (ball.y > canvas.height - ball.radius) {
        ball.y = canvas.height - ball.radius;
        ball.vy = -ball.vy;
    }
}

//绘制小球
function drawBall(ball) {
    ball.fill(cxt);
    ball.x += ball.vx;
    ball.y += ball.vy;
}

(function frame() {
```

```
                window.requestAnimationFrame(frame);
                cxt.clearRect(0, 0, cnv.width, cnv.height);

                //碰撞检测
                balls.forEach(checkCollision);
                //边界检测
                balls.forEach(checkBorder);
                //绘制小球
                balls.forEach(drawBall);

            })();
        }
    </script>
</head>
<body>
    <canvas id="canvas" width="200" height="150" style="border:1px solid silver;"></canvas>
</body>
</html>
```

预览效果如图 16-14 所示。

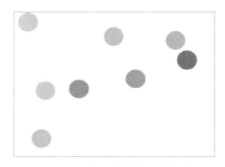

图 16-14　多球碰撞（加入偏移量）

▌ 分析

此时，小球与小球相互重叠的 bug 还是可能出现的，不过加入偏移量后已经大大减少了重叠出现的概率。想要彻底修复这个 bug，我们还得继续学习后面的知识才行。

事实上，这种碰撞的实现方法比较勉强。如果想要实现更加真实的碰撞效果，我们还需要用到更加高级的动画技术，如坐标旋转。对于坐标旋转技术，我们不在本书讨论。有兴趣的小伙伴可以阅读绿叶学习网的相关文章。

第 17 章
用户交互

17.1 用户交互简介

通过之前的学习我们知道，大多数动画都是自动执行的，用户并没有太多机会参与到动画交互中。但是在实际开发中，很多时候我们需要使得用户可以参与交互，以实现一些更为人性化的动画效果。

所谓的用户交互，指的是用户借助鼠标或键盘参与到 Canvas 动画中，以实现一些互动效果。用户交互，往往借助两个事件来实现：一是键盘事件，二是鼠标事件。

对于键盘事件，我们在"第 13 章 事件操作"中已经介绍得差不多了。键盘事件一般可以用于实现两种用户交互效果：控制物体的移动和根据不同的按键（或组合键）触发不同的效果（如释放技能）。

相对键盘事件来说，鼠标事件实现的功能显得更为复杂，因此我们使用单独的一章来讲解。这一章介绍的用户交互功能都是基于鼠标事件来实现的。在 Canvas 中，鼠标事件可以用于实现以下 3 种用户交互的效果。

- ▶ 捕获物体。
- ▶ 拖曳物体。
- ▶ 抛掷物体。

接下来，我们逐步深入给大家介绍这些用户交互功能。

17.2 捕获物体

17.2.1 捕获物体简介

想要拖曳一个物体或者抛掷一个物体，我们首先要知道怎样捕获一个物体。只有捕获了一个物体，才可以对该物体进行相应的操作。Canvas 中图形的捕获，跟 DOM 元素的捕获是不一样的。

对于 DOM 元素的捕获，我们可以直接使用 document.getElementById() 等方法实现。但是对于
Canvas 中图形的捕获，我们却无法通过这种简单方式来实现。

在 Canvas 中，对于物体的捕获，我们分为以下 4 种情况来考虑。

▶ 矩形的捕获。

▶ 圆的捕获。

▶ 多边形的捕获。

▶ 不规则图形的捕获。

多边形以及不规则图形的捕获非常复杂，采用的方法是分离轴定理（SAT）和最小平移向量
（MTV），这里我们不展开介绍，有兴趣的小伙伴可以自行搜索了解一下。下面我们介绍一下矩形和
圆的捕获。

1. 矩形的捕获

在图 17-1 的画布中，存在一个矩形，矩形左上角坐标为（x，y），宽度为 width，高度为
height。我们可以通过获取点击鼠标时的坐标来判断是否捕获了矩形。如果点击鼠标时的坐标
落在矩形上，就说明捕获了这个矩形；如果点击鼠标时的坐标没有落在矩形上，就说明没有捕
获到这个矩形。

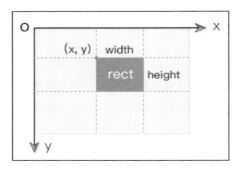

图 17-1   矩形的捕获

那么问题来了，我们该怎么判断点击鼠标时的坐标是否落在矩形上呢？很简单，只要判断
mouse.x 和 mouse.y 的范围就行了。

▐ 语法

```
if (mouse.x > rect.x &&
    mouse.x < rect.x + rect.width &&
    mouse.y > rect.y &&
    mouse.y < rect.y + rect.height) {
    ......
}
```

▐ 说明

当 mouse.x 和 mouse.y 同时满足以上条件，也就是这 4 个条件必须都为 true(缺一不可)时，
则表示点击鼠标时的坐标就落在了矩形区域上，也就是我们捕获了该矩形。

矩形的捕获，与碰撞检测中的外接矩形判定法是很相似的，我们可以联系对比一下。

2. 圆的捕获

对于圆来说，使用矩形那种方法来判定点击鼠标时的坐标是否落在圆上，也是可以的，但是这种方法的精度不高，会存在一定的误差（如图17-2所示）。当圆比较小的时候，误差是可以接受的，但是当圆比较大时，误差就变得很大。

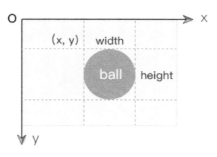

图17-2　圆的捕获

在Canvas中，对于圆来说，我们可以采用另外一种高精度的方法来捕获：判定鼠标指针与圆心之间的距离。如果距离小于圆的半径，则说明鼠标指针落在了圆上；如果距离大于或等于圆的半径，则说明鼠标指针落在了圆外。

▌ 语法

```
dx = mouse.x - ball.x;
dy = mouse.y - ball.y;
distance = Math.sqrt(dx*dx + dy*dy);
if(distance < ball.radius){
    ......
}
```

▌ 说明

圆的捕获，与碰撞检测中的外接圆判定法是很相似的，我们可以联系对比一下。

17.2.2　捕获静止物体

对于捕获物体，我们分为两种情况来考虑：捕获静止物体和捕获运动物体。我们先来给大家介绍捕获静止物体是怎么实现的。

为了方便，这里还是拿最简单也是最心爱的小球来说明。在之前的学习中，我们已经封装了一个Ball类，下面再为这个类添加一个新的方法checkMouse()，专门用来检测是否捕获了小球。

```
Ball.prototype = {
    checkMouse:function(mouse){
        var dx = mouse.x - this.x;
        var dy = mouse.y - this.y;
        var distance = Math.sqrt(dx * dx + dy * dy);
        if (distance < this.radius) {
            return true;
        } else {
```

```
            return false;
        }
    }
}
```

▌ 说明

checkMouse() 方法接收一个参数 mouse，然后计算出鼠标指针与圆心的距离，从而判断鼠标指针是否落在小球上，也就是是否捕获了小球。大家别忘了在 Ball.js 文件中添加这个方法喔。

▌ 举例

```
<!DOCTYPE html>
<html>
<head>
    <meta charset="utf-8" />
    <title></title>
    <script src="js/tools.js"></script>
    <script src="js/ball.js"></script>
    <script>
        function $$(id) {
            return document.getElementById(id);
        }
        window.onload = function () {
            var cnv = $$("canvas");
            var cxt = cnv.getContext("2d");
            var txt = document.getElementById("txt");

            var ball = new Ball(cnv.width / 2, cnv.height / 2, 30);
            ball.fill(cxt);
            var mouse = tools.getMouse(cnv);

            //添加mousemove事件
            cnv.addEventListener("mousemove", function () {
                //判断鼠标指针的当前坐标是否处于小球内
                if (ball.checkMouse(mouse)) {
                    txt.innerHTML = "鼠标指针被移入小球";
                }
                else {
                    txt.innerHTML = "鼠标指针被移出小球";
                }
            }, false);
        }
    </script>
</head>
<body>
    <canvas id="canvas" width="200" height="150" style="border:1px solid silver;"></canvas>
    <p id="txt"></p>
</body>
</html>
```

预览效果如图 17-3 所示。

图 17-3 捕获静态小球

分析

在这个例子中，我们为 Canvas 添加了 mousemove 事件，然后在 mousemove 事件中侦听鼠标指针的当前坐标，最后对鼠标指针的当前坐标进行检测。当鼠标指针被移入小球时，预览效果如图 17-4 所示。

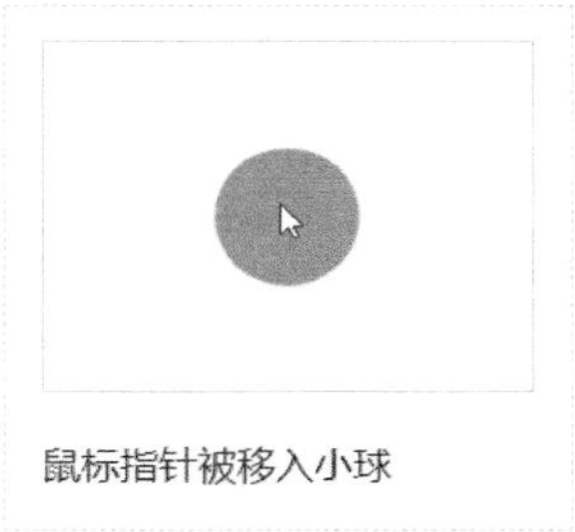

图 17-4 鼠标指针被移入小球的效果

当鼠标指针被移出小球时，预览效果如图 17-5 所示。

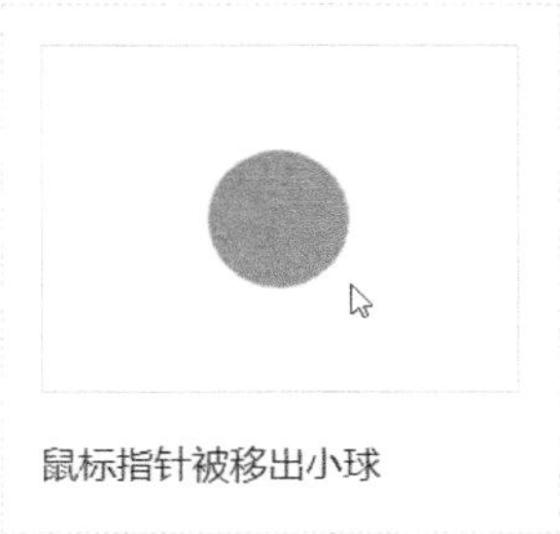

图 17-5 鼠标指针被移出小球的效果

17.2.3 捕获运动物体

很多小伙伴觉得捕获运动物体非常麻烦，实际上我们还是被自己欺骗了。其实，捕获动态物体远没有想象中那么复杂，我们先来看一个例子体会一下。

▼ 举例

```html
<!DOCTYPE html>
<html>
<head>
    <meta charset="utf-8" />
    <title></title>
    <script src="js/tools.js"></script>
    <script src="js/ball.js"></script>
    <script>
        function $$(id) {
            return document.getElementById(id);
        }
        window.onload = function () {
            var cnv = $$("canvas");
            var cxt = cnv.getContext("2d");

            var ball = new Ball(0, cnv.height / 2, 20);
            var mouse = tools.getMouse(cnv);
            //isMouseDown用于标识鼠标是否为按下的状态
            var isMouseDown = false;
            var vx = 3;

            cnv.addEventListener("mousedown", function () {
                //判断点击鼠标时的坐标是否位于小球上，如果是，则isMouseDown为true
                if (ball.checkMouse(mouse)) {
                    isMouseDown = true;
                    alert("捕获成功");
                }
            }, false);

            (function drawFrame() {
                window.requestAnimationFrame(drawFrame);
                cxt.clearRect(0, 0, cnv.width, cnv.height);

                //如果鼠标不是按下状态，则小球继续运动，否则就会停止
                if (!isMouseDown) {
                    ball.x += vx;
                }

                ball.fill(cxt);
            })();
        }
    </script>
</head>
<body>
    <canvas id="canvas" width="200" height="150" style="border:1px solid silver;"></canvas>
</body>
</html>
```

预览效果如图 17-6 所示。

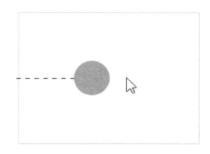

图 17-6　捕获匀速运动的小球

▉ 分析

在这个例子中，我们使用一个变量 isMouseDown 来标识鼠标是否为按下的状态。然后添加了一个 mousedown 事件，并且在事件中对按下鼠标时的坐标进行判断。在动画循环中，如果鼠标不是按下状态，则小球继续运动，否则就会停止。

实现思路非常简单，如果大家搞清楚了在这个例子中是如何捕获一个运动物体的，让我们来看一个更复杂的例子。

▉ 举例

```html
<!DOCTYPE html>
<html>
<head>
    <meta charset="utf-8" />
    <title></title>
    <script src="js/tools.js"></script>
    <script src="js/ball.js"></script>
    <script>
        function $$(id) {
            return document.getElementById(id);
        }
        window.onload = function () {
            var cnv = $$("canvas");
            var cxt = cnv.getContext("2d");

            //初始化数据
            var ball = new Ball(cnv.width / 2, cnv.height / 2, 20);
            var mouse = tools.getMouse(cnv);
            var isMouseDown = false;
            //随机产生-3~3的任意数，作为vx、vy的值
            var vx = (Math.random() * 2 - 1) * 3;
            var vy = (Math.random() * 2 - 1) * 3;

            //为画布添加mousedown事件
            cnv.addEventListener("mousedown", function () {
                var rect = ball.getRect();
                if (ball.checkMouse(mouse)) {
                    isMouseDown = true;
                    alert("捕获成功");
                }
```

```
        }, false);

        (function drawFrame() {
            window.requestAnimationFrame(drawFrame);
            cxt.clearRect(0, 0, cnv.width, cnv.height);

            //如果鼠标不是按下状态，则小球继续运动，否则就会停止
            if (!isMouseDown) {
                ball.x += vx;
                ball.y += vy;

                //边界检测
                //碰到左边界
                if (ball.x < ball.radius) {
                    ball.x = ball.radius;
                    vx = -vx;
                }
                //碰到右边界
                else if (ball.x > canvas.width - ball.radius) {
                    ball.x = canvas.width - ball.radius;
                    vx = -vx;
                }
                //碰到上边界
                if (ball.y < ball.radius) {
                    ball.y = ball.radius;
                    vy = -vy;
                }
                //碰到下边界
                else if (ball.y > canvas.height - ball.radius) {
                    ball.y = canvas.height - ball.radius;
                    vy = -vy;
                }
            }

            ball.fill(cxt);
        })();
    }
    </script>
</head>
<body>
    <canvas id="canvas" width="200" height="150" style="border:1px solid silver;"></canvas>
</body>
</html>
```

预览效果如图 17-7 所示。

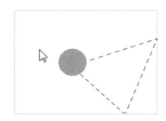

图 17-7　捕获边界反弹的小球

▼ 分析

在这个例子中，我们在边界反弹效果的基础上捕获运动物体。大家别看那么复杂，其实现思路跟上一个例子是一样的。对于边界反弹效果，如果大家忘了的话，记得回头翻一翻上一章的内容。

17.3　拖曳物体

在浏览页面的过程中，对于拖曳功能，估计大家也接触不少了，例如自定义菜单等。拿绿叶学习网来说，有一个经常使用到的在线调色板工具，就用到了拖曳功能，见图17-8。

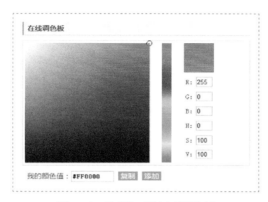

图 17-8　绿叶学习网的在线调色板

有了上一节的基础，想要实现拖曳功能，其实并不难。在 Canvas 中，想要拖曳一个物体，一般情况下需要以下3步。

① 捕获物体：在按下鼠标（mousedown）时，判断鼠标指针的坐标是否落在物体上，如果是，就添加 mousemove 和 moveup 这两个事件。

② 移动物体：在移动鼠标（mousemove）时，更新物体坐标为鼠标指针的坐标。

③ 松开物体：在松开鼠标（mouseup）时，移除 mouseup 事件（自身事件也被移除）和 mousemove 事件。

▼ 语法

```
cnv.addEventListener("mousedown", function () {
    cnv.addEventListener("mousemove", onMouseMove, false);
    cnv.addEventListener("mouseup", onMouseUp, false);
}, false);
```

▼ 说明

上面是拖曳功能的简化语法。想要实现拖曳功能，我们一般都是在 mousedown 事件内部处理 mousemove 和 mouseup 事件的。小伙伴们稍微想想，就知道为什么了。

▼ 举例：拖曳物体

```
<!DOCTYPE html>
<html>
```

```html
<head>
    <meta charset="utf-8" />
    <title></title>
    <script src="js/tools.js"></script>
    <script src="js/ball.js"></script>
    <script>
        function $$(id) {
            return document.getElementById(id);
        }
        window.onload = function () {
            var cnv = $$("canvas");
            var cxt = cnv.getContext("2d");

            //初始化数据
            var ball = new Ball(cnv.width / 2, cnv.height / 2, 20);
            ball.fill(cxt);
            var mouse = tools.getMouse(cnv);

            //为Canvas添加鼠标按下事件（mousedown）
            cnv.addEventListener("mousedown", function () {
                //判断鼠标点击是否落在小球上，如果是，就添加两个事件：mousemove、mouseup
                if (ball.checkMouse(mouse)) {
                    cnv.addEventListener("mousemove", onMouseMove, false);
                    cnv.addEventListener("mouseup", onMouseUp, false);
                }
            }, false);
            function onMouseMove() {
                //移动鼠标时，更新小球坐标
                ball.x = mouse.x;
                ball.y = mouse.y;
            }
            function onMouseUp() {
                //松开鼠标时，移除鼠标松开事件：mouseup（自身事件）
                cnv.removeEventListener("mouseup", onMouseUp, false);
                //松开鼠标时，移除鼠标移动事件：mousemove
                cnv.removeEventListener("mousemove", onMouseMove, false);
            }

            (function drawFrame() {
                window.requestAnimationFrame(drawFrame);
                cxt.clearRect(0, 0, cnv.width, cnv.height);

                ball.fill(cxt);
            })();
        }
    </script>
</head>
<body>
    <canvas id="canvas" width="200" height="150" style="border:1px solid silver;"></canvas>
</body>
</html>
```

预览效果如图 17-9 所示。

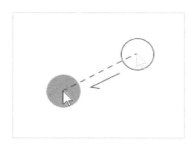

图 17-9　拖曳小球

▌ 分析

大家别看代码那么多，其实认真结合上面所说的实现拖曳功能的 3 个步骤，是非常容易理解的。

细心的小伙伴可能会发现一个很不自然的 bug：我们在点击小球时，有时点击的位置不一定就是小球的中心。但是无论我们点击小球的什么地方，在点击之后，小球都会快速地偏移，使得鼠标指针位于小球的中心。

这种效果让人感觉非常别扭，也不符合预期效果。因此在点击的时候，我们还需要把鼠标指针与球心之间的坐标差值计算出来，然后在移动小球的过程中进行修正。

▌ 举例：修复 bug

```
<!DOCTYPE html>
<html>
<head>
    <meta charset="utf-8" />
    <title></title>
    <script src="js/tools.js"></script>
    <script src="js/ball.js"></script>
    <script>
        function $$(id) {
            return document.getElementById(id);
        }
        window.onload = function () {
            var cnv = $$("canvas");
            var cxt = cnv.getContext("2d");

            //初始化数据
            var ball = new Ball(cnv.width / 2, cnv.height / 2, 20);
            ball.fill(cxt);
            var mouse = tools.getMouse(cnv);
            //初始化两个变量: dx和dy
            var dx = 0, dy = 0;

            cnv.addEventListener("mousedown", function () {
                if (ball.checkMouse(mouse)) {
                    //dx为鼠标指针与球心的水平偏移量
                    dx = mouse.x - ball.x;
```

```
            //dy为鼠标指针与球心的垂直偏移量
            dy = mouse.y - ball.y;
            cnv.addEventListener("mousemove", onMouseMove, false);
            cnv.addEventListener("mouseup", onMouseUp, false);
        }
    }, false);
    function onMouseMove() {
        //更新小球坐标
        ball.x = mouse.x - dx;
        ball.y = mouse.y - dy;
    }
    function onMouseUp() {
        //松开鼠标时，移除鼠标松开事件: mouseup（自身事件）
        cnv.removeEventListener("mouseup", onMouseUp, false);
        //松开鼠标时，移除鼠标移动事件: mousemove
        cnv.removeEventListener("mousemove", onMouseMove, false);
    }

    (function drawFrame() {
        window.requestAnimationFrame(drawFrame, cnv);
        cxt.clearRect(0, 0, cnv.width, cnv.height);

        ball.fill(cxt);
    })();
    }
    </script>
</head>
<body>
    <canvas id="canvas" width="200" height="150" style="border:1px solid silver;"></canvas>
</body>
</html>
```

预览效果如图 17-10 所示。

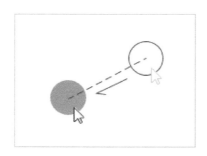

图 17-10   拖曳小球（修复 bug）

▣ 分析

在这个例子中，我们使用 dx 和 dy 这两个变量来修复拖曳小球时不自然的 bug。其中 dx 为鼠标指针与球心的水平偏移量，dy 为为鼠标指针与球心的垂直偏移量。在移动鼠标（mousemove）时，使用 dx 和 dy 重新计算小球的中心坐标。

此外，我们还可以加入边界限制，进一步优化拖曳功能。请看下面的例子。

▌ 举例：加入边界限制

```
<!DOCTYPE html>
<html>
<head>
    <meta charset="utf-8" />
    <title></title>
    <script src="js/tools.js"></script>
    <script src="js/ball.js"></script>
    <script>
        function $$(id) {
            return document.getElementById(id);
        }
        window.onload = function () {
            var cnv = $$("canvas");
            var cxt = cnv.getContext("2d");

            //初始化数据
            var ball = new Ball(cnv.width / 2, cnv.height / 2, 20);
            ball.fill(cxt);
            var mouse = tools.getMouse(cnv);
            var dx = 0, dy = 0;

            cnv.addEventListener("mousedown", function () {
                if (ball.checkMouse(mouse)) {
                    //dx为鼠标指针与球心的水平偏移量
                    dx = mouse.x - ball.x;
                    //dy为鼠标指针与球心的垂直偏移量
                    dy = mouse.y - ball.y;
                    cnv.addEventListener("mousemove", onMouseMove, false);
                    cnv.addEventListener("mouseup", onMouseUp, false);
                }
            }, false);
            function onMouseMove() {
                //更新小球坐标
                ball.x = mouse.x - dx;
                ball.y = mouse.y - dy;

                //加入边界限制
                //当小球碰到左边界时
                if (ball.x < ball.radius) {
                    ball.x = ball.radius;
                //当小球碰到右边界时
                } else if (ball.x > cnv.width - ball.radius) {
                    ball.x = cnv.width - ball.radius;
                }
                //当小球碰到上边界时
                if (ball.y < ball.radius) {
                    ball.y = ball.radius;
                //当小球碰到下边界时
```

```
                      } else if (ball.y > cnv.height - ball.radius) {
                          ball.y = cnv.height - ball.radius;
                      }
                  }
                  function onMouseUp() {
                      cnv.removeEventListener("mouseup", onMouseUp, false);
                      cnv.removeEventListener("mousemove", onMouseMove, false);
                  }

                  (function drawFrame() {
                      window.requestAnimationFrame(drawFrame, cnv);
                      cxt.clearRect(0, 0, cnv.width, cnv.height);

                      ball.fill(cxt);
                  })();
              }
          </script>
      </head>
      <body>
          <canvas id="canvas" width="200" height="150" style="border:1px solid silver;"></canvas>
      </body>
      </html>
```

预览效果如图 17-11 所示。

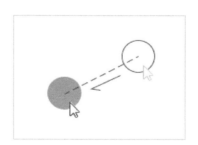

图 17-11　加入边界限制的拖曳效果

▌ 分析

这里在上一个例子的基础上加入了边界限制，从而限制我们拖曳物体的范围，使得物体不会超出 Canvas。

17.4　抛掷物体

到现在为止，我们知道了怎么捕获一个物体以及拖曳一个物体，接下来我们再来给大家介绍一个更高级的动画效果：抛掷物体。

如何在动画中表现出抛掷效果呢？我们用鼠标选中一个物体，拖曳着它向某个方向移动，松开鼠标后物体会沿着拖曳的方向继续前进。在抛掷物体时，必须先在拖曳物体的过程中计算物体的速度向量，并且在释放物体时将这个速度向量赋给物体。

　　举个例子，如果以每帧 10px 的速度向左拖曳小球，那么在释放小球时，它的速度向量应该是 vx=-10；如果你以每帧 10px 的速度向下拖曳小球，那么在释放小球时，它的速度向量应该为 vy=10。依次类推，如图 17-12 所示。

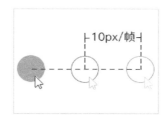

图 17-12　抛掷原理

　　在拖曳物体时，物体会在每一帧中拥有一个新的位置。用"新的位置坐标"减去"旧的位置坐标"就得到每一帧中物体的移动速度。拿心爱的小球来说，我们用 oldX 和 oldY 分别表示小球旧的位置坐标，新的位置坐标应该是 ball.x 和 ball.y，那么我们可以得到如下。

```
vx = ball.x - oldX;
vy = ball.y - oldY;
```

有了上面这些思路，我们可以开始尝试实现抛掷物体的效果。

▋ 举例：抛掷物体

```
<!DOCTYPE html>
<html>
<head>
    <meta charset="utf-8" />
    <title></title>
    <script src="js/tools.js"></script>
    <script src="js/ball.js"></script>
    <script>
        function $$(id) {
            return document.getElementById(id);
        }
        window.onload = function () {
            var cnv = $$("canvas");
            var cxt = cnv.getContext("2d");

            //初始化数据
            var ball = new Ball(cnv.width / 2, cnv.height / 2, 20);
            ball.fill(cxt);
            var mouse = tools.getMouse(cnv);

            var isMouseDown = false;
            var dx = 0, dy = 0;
            //oldX和oldY用于存储小球旧的坐标
            var oldX, oldY;
            //初始速度vx和vy都为0
            var vx = 0, vy = 0;
```

```
//添加mousedown事件
cnv.addEventListener("mousedown", function () {
    //判断点击鼠标时指针是否落在小球上
    if (ball.checkMouse(mouse)) {
        //捕获小球时，将isMouseDown设置为true
        isMouseDown = true;
        //捕获小球时，将当前鼠标指针位置赋值给oldX和oldY
        oldX = ball.x;
        oldY = ball.y;
        dx = mouse.x - ball.x;
        dy = mouse.y - ball.y;
        cnv.addEventListener("mousemove", onMouseMove, false);
        cnv.addEventListener("mouseup", onMouseUp, false);
    }
}, false);
function onMouseMove() {
    //移动鼠标时，更新小球坐标
    ball.x = mouse.x - dx;
    ball.y = mouse.y - dy;
}
function onMouseUp() {
    //松开鼠标时，将isMouseDown设置为false
    isMouseDown = false;
    cnv.removeEventListener("mouseup", onMouseUp, false);
    cnv.removeEventListener("mousemove", onMouseMove, false);
}

(function drawFrame() {
    window.requestAnimationFrame(drawFrame, cnv);
    cxt.clearRect(0, 0, cnv.width, cnv.height);

    if (isMouseDown) {
        //如果isMouseDown为true，用当前小球的位置减去上一帧的坐标
        vx = ball.x - oldX;
        vy = ball.y - oldY;

        //如果isMouseDown为true，更新oldX和oldY为当前小球中心坐标
        oldX = ball.x;
        oldY = ball.y;
    } else {
        //如果isMouseDown为false，小球沿着抛掷方向运动
        ball.x += vx;
        ball.y += vy;
    }

    ball.fill(cxt);
})();
        }
    </script>
</head>
<body>
```

```
        <canvas id="canvas" width="300" height="200" style="border:1px solid silver;"></canvas>
</body>
</html>
```

预览效果如图 17-13 所示。

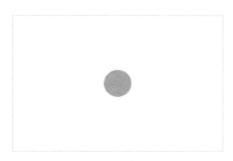

图 17-13　抛掷小球

▌ 分析

估计小伙伴们也看出来了。事实上，拖曳物体是建立在捕获物体的基础上，而抛掷物体是建立在拖曳物体基础上的。小伙伴们将这几个串起来，思路就会变得非常清晰。

抛掷物体的实现思路以及代码注释已经非常清楚了，这里就不再赘述。接下来，我们加入边界限制，进一步优化这个抛掷功能。

▌ 举例：加入边界限制

```
<!DOCTYPE html>
<html>
<head>
    <meta charset="utf-8" />
    <title></title>
    <script src="js/tools.js"></script>
    <script src="js/ball.js"></script>
    <script>
        function $$(id) {
            return document.getElementById(id);
        }
        window.onload = function () {
            var cnv = $$("canvas");
            var cxt = cnv.getContext("2d");

            var ball = new Ball(cnv.width / 2, cnv.height / 2, 20);
            ball.fill(cxt);
            var mouse = tools.getMouse(cnv);

            var isMouseDown = false;
            var dx = 0, dy = 0;
            //oldX和oldY用于存储小球旧的坐标
            var oldX, oldY;
            //初始速度vx和vy都为0
            var vx = 0, vy = 0;
```

```
//添加mousedown事件
cnv.addEventListener("mousedown", function () {
    //判断点击鼠标时指针是否落在小球上
    if (ball.checkMouse(mouse)) {
        //捕获小球时,isMouseDown设置为true
        isMouseDown = true;
        //捕获小球时，将当前鼠标指针位置赋值给oldX和oldY
        oldX = ball.x;
        oldY = ball.y;
        dx = mouse.x - ball.x;
        dy = mouse.y - ball.y;
        cnv.addEventListener("mousemove", onMouseMove, false);
        cnv.addEventListener("mouseup", onMouseUp, false);
    }
}, false);
function onMouseMove() {
    //移动鼠标时，更新小球坐标
    ball.x = mouse.x - dx;
    ball.y = mouse.y - dy;

    //加入边界限制
    //当小球碰到左边界时
    if (ball.x < ball.radius) {
        ball.x = ball.radius;
    //当小球碰到右边界时
    } else if (ball.x > cnv.width - ball.radius) {
        ball.x = cnv.width - ball.radius;
    }
    //当小球碰到上边界时
    if (ball.y < ball.radius) {
        ball.y = ball.radius;
    //当小球碰到下边界时
    } else if (ball.y > cnv.height - ball.radius) {
        ball.y = cnv.height - ball.radius;
    }
}
function onMouseUp() {
    //松开鼠标时,isMouseDown设置为false
    isMouseDown = false;
    cnv.removeEventListener("mouseup", onMouseUp, false);
    cnv.removeEventListener("mousemove", onMouseMove, false);
}

(function drawFrame() {
    window.requestAnimationFrame(drawFrame, cnv);
    cxt.clearRect(0, 0, cnv.width, cnv.height);

    if (isMouseDown) {
        //如果isMouseDown为true，用当前小球的位置减去上一帧的坐标
        vx = ball.x - oldX;
        vy = ball.y - oldY;
```

```
                    //如果isMouseDown为true，更新oldX和oldY为当前小球中心坐标
                    oldX = ball.x;
                    oldY = ball.y;
                } else {
                    //如果isMouseDown为false，小球沿着抛掷方向运动
                    ball.x += vx;
                    ball.y += vy;
                    //边界反弹
                    //碰到右边界
                    if (ball.x > cnv.width - ball.radius) {
                        ball.x = cnv.width - ball.radius;
                        vx = -vx;
                    //碰到左边界
                    } else if (ball.x < ball.radius) {
                        ball.x = ball.radius;
                        vx = -vx;
                    }
                    //碰到下边界
                    if (ball.y > cnv.height - ball.radius) {
                        ball.y = cnv.height - ball.radius;
                        vy = -vy;
                    //碰到下边界
                    } else if (ball.y < ball.radius) {
                        ball.y = ball.radius;
                        vy = -vy;
                    }
                }

                ball.fill(cxt);
            })();
        }
    </script>
</head>
<body>
    <canvas id="canvas" width="300" height="200" style="border:1px solid silver;"></canvas>
</body>
</html>
```

预览效果如图 17-14 所示。

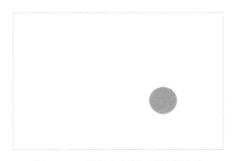

图 17-14　抛掷小球（加入边界限制）

▛ 分析

我们在上一个例子的基础上加入边界限制和边界反弹。其中，在鼠标移动（mousemove）中加入边界限制，使拖曳小球的范围被限制在画布中。然后在动画循环中加入边界反弹，使得小球运动范围为整个画布，以免小球被抛在"外太空"中。

接下来，我们再在这个例子的基础上加入重力和反弹消耗的影响，从而进一步模拟真实世界的运动情况。

▛ 举例：加入重力和反弹消耗

```html
<!DOCTYPE html>
<html>
<head>
    <meta charset="utf-8" />
    <title></title>
    <script src="js/tools.js"></script>
    <script src="js/ball.js"></script>
    <script>
        function $$(id) {
            return document.getElementById(id);
        }
        window.onload = function () {
            var cnv = $$("canvas");
            var cxt = cnv.getContext("2d");

            var ball = new Ball(cnv.width / 2, cnv.height, 20);
            ball.fill(cxt);
            var mouse = tools.getMouse(cnv);

            var isMouseDown = false;
            var dx = 0, dy = 0;
            //oldX和oldY用于存储小球旧的坐标
            var oldX, oldY;
            //初始速度vx和vy都为0
            var vx = 0, vy = 0;
            //加入重力和反弹消耗
            var gravity = 1.5;
            var bounce = -0.8;

            cnv.addEventListener("mousedown", function () {
                //判断点击鼠标时指针是否落在小球上
                if (ball.checkMouse(mouse)) {
                    //捕获小球时,isMouseDown设置为true
                    isMouseDown = true;
                    //捕获小球时,将当前鼠标指针位置赋值给oldX和oldY
                    oldX = ball.x;
                    oldY = ball.y;
                    dx = mouse.x - ball.x;
                    dy = mouse.y - ball.y;
                    cnv.addEventListener("mousemove", onMouseMove, false);
                    cnv.addEventListener("mouseup", onMouseUp, false);
```

```
    }
}, false);
function onMouseMove() {
    //移动鼠标时，更新小球坐标
    ball.x = mouse.x - dx;
    ball.y = mouse.y - dy;

    //加入边界限制
    //当小球碰到左边界时
    if (ball.x < ball.radius) {
        ball.x = ball.radius;
        //当小球碰到右边界时
    } else if (ball.x > cnv.width - ball.radius) {
        ball.x = cnv.width - ball.radius;
    }
    //当小球碰到上边界时
    if (ball.y < ball.radius) {
        ball.y = ball.radius;
        //当小球碰到下边界时
    } else if (ball.y > cnv.height - ball.radius) {
        ball.y = cnv.height - ball.radius;
    }
}
function onMouseUp() {
    //松开鼠标时,isMouseDown设置为false
    isMouseDown = false;
    cnv.removeEventListener("mouseup", onMouseUp, false);
    cnv.removeEventListener("mousemove", onMouseMove, false);
}

(function drawFrame() {
    window.requestAnimationFrame(drawFrame, cnv);
    cxt.clearRect(0, 0, cnv.width, cnv.height);

    if (isMouseDown) {
        //如果isMouseDown为true，用当前小球的位置减去上一帧的坐标
        vx = ball.x - oldX;
        vy = ball.y - oldY;

        //如果isMouseDown为true，更新oldX和oldY为当前小球中心坐标
        oldX = ball.x;
        oldY = ball.y;
    } else {
        //如果isMouseDown为false，小球沿着抛掷方向运动
        vy += gravity;
        ball.x += vx;
        ball.y += vy;
        //边界检测
        //碰到右边界
        if (ball.x > canvas.width - ball.radius) {
            ball.x = canvas.width - ball.radius;
```

```
                        vx = vx * bounce;
                        //碰到左边界
                    } else if (ball.x < ball.radius) {
                        ball.x = ball.radius;
                        vx = vx * bounce;
                    }
                    //碰到下边界
                    if (ball.y > canvas.height - ball.radius) {
                        ball.y = canvas.height - ball.radius;
                        vy = vy * bounce;
                        //碰到下边界
                    } else if (ball.y < ball.radius) {
                        ball.y = ball.radius;
                        vy = vy * bounce;
                    }
                }

                ball.fill(cxt);
            })();
        }
    </script>
</head>
<body>
    <canvas id="canvas" width="300" height="200" style="border:1px solid silver;"></canvas>
</body>
</html>
```

预览效果如图 17-15 所示。

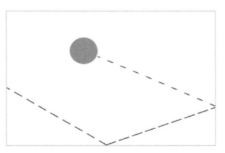

图 17-15　抛掷小球（加入重力和反弹消耗）

▶ 分析

这个例子相对之前的动画来说，已经相当复杂了。不过小伙伴们如果按部就班地学下来，也不会感觉有多难。还有一点就是，大家一定要下载本书的源代码，一边看书，一边测试，才能达到最佳效果。单纯地看书，很多东西是没有办法理解的。有句话说得挺好（你懂的）:"看再多，也不如亲自实践一次。"

第 18 章

高级动画

18.1 高级动画简介

从刚刚接触 Canvas 到现在，蓦然回首，小伙伴们可能都不敢相信自己已经走了那么远的路。在此之前，我们已经接触了相当多的动画效果，包括物理动画、边界检测、碰撞检测、用户交互等。有了之前的基础，这一章再来给大家介绍两个非常有趣的高级动画效果：缓动动画和弹性动画。

缓动动画和弹性动画关系十分紧密，这两种技术实现的都是"把一个物体从已有位置移动到目标位置"的动画效果。缓动动画指的是物体运动到目标点就停下来；弹性动画指的是物体来回地反弹一会儿，最终停在目标点的运动。

不光是 Canvas，在 JavaScript DOM 操作中也有缓动动画和弹性动画。不管在什么地方，动画的实现思路是一样的，仅仅是语法不同罢了。因此，只要认真掌握 Canvas 中的这两种动画实现方法，我们再去接触 JavaScript DOM 操作中的动画，就会觉得非常容易了。

18.2 缓动动画简介

缓动动画，指的是带有一定缓冲效果的动画。在缓动动画过程中，物体在某一段时间会渐进加速或渐进减速，从而让物体的运动看起来更为自然逼真。

缓动动画分为两种：缓入动画和缓出动画。举个例子，在我们都玩过的"太空战机"（见图 18-1）游戏中，战机起飞的那一段时间，它会渐进加速，这就是缓入动画；战机降落的那一段时间，它会渐进减速，这就是缓出动画。

如果平常细心观察的话，我们在生活中也经常能看到缓动效果。例如，汽车启动时逐渐加速，停车时逐渐减速。有了这些感性的认知，我们再回到 Canvas 动画中来。

在 Canvas 中，我们想要实现缓动动画，一般需要以下 5 步。

① 定义一个 0~1 的缓动系数 easing。

② 计算出物体与终点之间的距离。

③ 计算出当前速度，其中当前速度 = 距离 × 缓动系数。

④ 计算新的位置，其中新的位置 = 当前位置 + 当前速度。

⑤ 重复执行第②～④步，直到物体达到目标。

图 18-1　"太空战机"

▌ 语法

```
var targetX = 任意位置;
var targetY = 任意位置;
//动画循环
var vx = (targetX - object.x) * easing;
var vy = (targetY- object.y) * easing;
```

▌ 说明

targetX 和 targetY 分别为目标的横坐标和纵坐标，easing 为缓动系数，vx 和 vy 分别为物体在 x 轴方向和 y 轴方向的速度。

下面我们先来看一个最简单的缓动动画，也就是 x 轴方向或 y 轴方向的缓动动画。

▌ 举例：x 轴方向或 y 轴方向的缓动动画

```
<!DOCTYPE html>
<html>
<head>
    <meta charset="utf-8" />
    <title></title>
    <script src="js/tools.js"></script>
    <script src="js/ball.js"></script>
    <script>
        function $$(id) {
            return document.getElementById(id);
        }
        window.onload = function () {
            var cnv = $$("canvas");
            var cxt = cnv.getContext("2d");

            var ball = new Ball(0, cnv.height / 2);
            //定义终点的x轴坐标
            var targetX = cnv.width * (3 / 4);
            //定义缓动系数
            var easing = 0.05;
```

```
        (function frame() {
            window.requestAnimationFrame(frame);
            cxt.clearRect(0, 0, cnv.width, cnv.height);

            var vx = (targetX - ball.x) * easing;
            ball.x += vx;

            ball.fill(cxt);
        })();
    }
    </script>
</head>
<body>
    <canvas id="canvas" width="200" height="150" style="border:1px solid silver;"></canvas>
</body>
</html>
```

预览效果如图 18-2 所示。

图 18-2　x 轴方向的缓动动画

▌ 说明

从上面的缓动动画中我们可以看到，小球运动到终点的速度，有一个由快到慢的过程。实现原理非常简单，如图 18-3 所示。

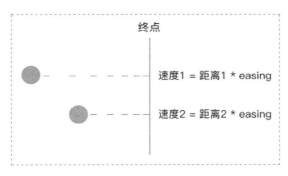

图 18-3　x 轴方向的缓动分析

easing 是缓动系数，我们在每一帧中都将物体与终点之间的距离乘以缓动系数，从而求出当前速度。随着距离不断减小，速度也就不断降低。

其中，缓动系数 easing 是一个大于 0 且小于 1 的数。当系数越接近于 1 时，小球移动得越快；当系数越接近于 0 时，小球移动得越慢。不过要注意的是，如果缓动系数设置得太小，就需要等很久物体才能到达终点。

细心的小伙伴应该也发现了，缓动动画（这里只针对缓出动画）跟摩擦力动画非常像，都是速度逐渐降低直至停止，不过两者也有本质上的区别：在摩擦力动画的每一帧中，当前速度等于上一帧速度乘以摩擦系数，其中速度是按照固定比例改变的；但是在缓动动画的每一帧中，当前速度等于距离乘以缓动系数，其中速度并不是按照固定比例改变的。

在实际开发中，我们更倾向于使用缓动动画。因为相对于摩擦力动画来说，缓动动画更加自然而平滑。上面我们介绍了 x 轴方向或 y 轴方向的缓动动画，下面我们再来讲解一下任意方向的缓动动画。

▮ 举例：任意方向的缓动动画

```html
<!DOCTYPE html>
<html>
<head>
    <meta charset="utf-8" />
    <title></title>
    <script src="js/tools.js"></script>
    <script src="js/ball.js"></script>
    <script>
        function $$(id) {
            return document.getElementById(id);
        }
        window.onload = function () {
            var cnv = $$("canvas");
            var cxt = cnv.getContext("2d");

            var ball = new Ball(0, 0);
            //定义终点的x轴坐标和y轴坐标
            var targetX = cnv.width * (3 / 4);
            var targetY = cnv.height * (1 / 2);
            //定义缓动系数
            var easing = 0.05;

            (function frame() {
                window.requestAnimationFrame(frame);
                cxt.clearRect(0, 0, cnv.width, cnv.height);

                var vx = (targetX - ball.x) * easing;
                var vy = (targetY - ball.y) * easing;
                ball.x += vx;
                ball.y += vy;

                ball.fill(cxt);
            })();


        }
    </script>
</head>
```

```
<body>
    <canvas id="canvas" width="200" height="150" style="border:1px solid silver;"></canvas>
</body>
</html>
```

预览效果如图 18-4 所示。

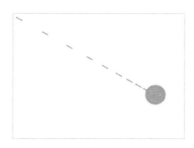

图 18-4　任意方向的缓动动画

▌ 分析

对于任意方向的缓动动画，只需要将速度分解为 x 轴和 y 轴两个方向，然后分别进行处理就容易实现了。下面我们试着来实现小球追随鼠标指针的缓动效果。

▌ 举例：一个小球追随鼠标指针

```
<!DOCTYPE html>
<html>
<head>
    <meta charset="utf-8" />
    <title></title>
    <script src="js/tools.js"></script>
    <script src="js/ball.js"></script>
    <script>
        function $$(id) {
            return document.getElementById(id);
        }
        window.onload = function () {
            var cnv = $$("canvas");
            var cxt = cnv.getContext("2d");

            //初始化数据
            var ball = new Ball(cnv.width / 2, cnv.height / 2, 15, "#FF6699");
            var mouse = tools.getMouse(cnv);
            var easing = 0.05;

            (function frame() {
                window.requestAnimationFrame(frame);
                cxt.clearRect(0, 0, cnv.width, cnv.height);

                var vx = (mouse.x - ball.x) * easing;
                var vy = (mouse.y - ball.y) * easing;
                ball.x += vx;
```

```
                ball.y += vy;

                ball.fill(cxt);
            })();
        }
    </script>
</head>
<body>
    <canvas id="canvas" width="200" height="150" style="border:1px solid silver;"></canvas>
</body>
</html>
```

预览效果如图 18-5 所示。

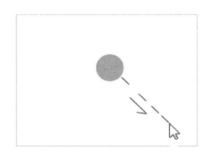

图 18-5　一个小球追随鼠标指针

▶ 分析

在"14.4 匀速运动"一节中，我们已经实现了小球跟随鼠标指针移动的效果，不过那个时候小球的移动是匀速的。在这个例子中，我们加入了缓动动画效果，使得小球追随鼠标指针的速度渐进减小，而不是机械性地改变的。缓动动画使得小球运动更加优雅自然，也更加贴近我们在现实生活中的感受。

我们已经接触过很多关于鼠标追随指针的效果了。事实上，鼠标指针追随效果在 Canvas 动画以及游戏开发中会大量应用。下面我们在这个例子上再增加一点难度，也就是再添加一个小球，让它跟随前一个小球移动。

▶ 举例：多个小球追随鼠标指针

```
<!DOCTYPE html>
<html>
<head>
    <meta charset="utf-8" />
    <title></title>
    <script src="js/tools.js"></script>
    <script src="js/ball.js"></script>
    <script>
        function $$(id) {
            return document.getElementById(id);
        }
        window.onload = function () {
            var cnv = $$("canvas");
```

```
            var cxt = cnv.getContext("2d");

            //初始化数据
            var bigBall = new Ball(cnv.width / 2, cnv.height / 2, 15, "# FF6699");
            var smallBall = new Ball(cnv.width / 2, cnv.height / 2, 12, "#66CCFF");
            var mouse = tools.getMouse(cnv);
            var easing = 0.05;

            (function frame() {
                window.requestAnimationFrame(frame);
                cxt.clearRect(0, 0, cnv.width, cnv.height);

                //第1个小球跟随鼠标指针移动
                var vx1 = (mouse.x - bigBall.x) * easing;
                var vy1 = (mouse.y - bigBall.y) * easing;
                bigBall.x += vx1;
                bigBall.y += vy1;
                bigBall.fill(cxt);

                //第2个小球跟随第1个小球移动
                var vx2 = (bigBall.x - smallBall.x) * easing;
                var vy2 = (bigBall.y - smallBall.y) * easing;
                smallBall.x += vx2;
                smallBall.y += vy2;
                smallBall.fill(cxt);
            })();
        }
    </script>
</head>
<body>
    <canvas id="canvas" width="200" height="150" style="border:1px solid silver;"></canvas>
</body>
</html>
```

预览效果如图 18-6 所示。

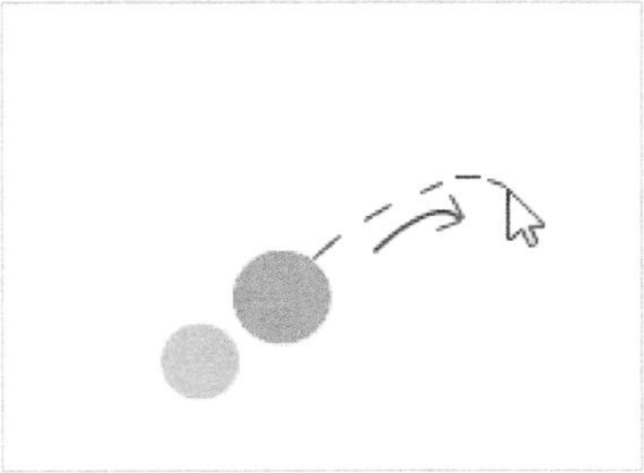

图 18-6　两个小球追随鼠标指针

分析

到这里，我们已经对缓动动画有一定的感性认知了。接下来，再来给大家介绍一下缓动动画在实际开发中的应用。

18.3 缓动动画应用

很多小伙伴以为缓动动画只能用于物体的运动，要是这样想，那我们就白白浪费了这一个强大的功能。在 Canvas 中，缓动动画不仅可以用于物体的运动，还可以应用于物体的其他各种属性，包括大小、颜色、透明度以及旋转等。

不管缓动动画应用于什么方面，其实现思路是一样的，也就是以下两步。

① 当前速度 =（最终值 - 当前值）× 缓动系数

② 新的值 = 当前值 + 当前速度

接下来，依旧还是拿我们最爱的小球来做测试，分别看看缓动动画分别作用于小球的半径、透明度以及颜色这 3 个方面的效果是怎样的。

举例：作用于半径

```
<!DOCTYPE html>
<html>
<head>
    <meta charset="utf-8" />
    <title></title>
    <script src="js/tools.js"></script>
    <script src="js/ball.js"></script>
    <script>
        function $$(id) {
            return document.getElementById(id);
        }
        window.onload = function () {
            var cnv = $$("canvas");
            var cxt = cnv.getContext("2d");

            var ball = new Ball(cnv.width / 2, cnv.height / 2);
            var targetRadius = 36;
            var easing = 0.05;

            (function frame() {
                window.requestAnimationFrame(frame);
                cxt.clearRect(0, 0, cnv.width, cnv.height);

                var vRadius = (targetRadius - ball.radius) * easing;
                ball.radius += vRadius;

                ball.fill(cxt);
            })();
        }
    </script>
</head>
<body>
    <canvas id="canvas" width="200" height="150" style="border:1px solid silver;"></canvas>
</body>
</html>
```

预览效果如图 18-7 所示。

图 18-7 缓动动画作用于小球半径

▌ 分析

在这个例子中，由于缓动动画作用于小球半径（ball.radius），因此小球会从小变大，其变化速度由快到慢。

▌ 举例：作用于透明度

```
<!DOCTYPE html>
<html>
<head>
    <meta charset="utf-8" />
    <title></title>
    <script src="js/tools.js"></script>
    <script src="js/ball.js"></script>
    <script>
        function $$(id) {
            return document.getElementById(id);
        }
        window.onload = function () {
            var cnv = $$("canvas");
            var cxt = cnv.getContext("2d");

            //初始化数据
            var ball = new Ball(cnv.width / 2, cnv.height / 2, 30, "rgba(255,102,153,1.0)");
            var opacity = 1.0;
            var targetOpacity = 0.0;
            var easing = 0.05;

            (function frame() {
                window.requestAnimationFrame(frame);
                cxt.clearRect(0, 0, cnv.width, cnv.height);

                var v = (targetOpacity - opacity) * easing;
                opacity += v;
                ball.color = "rgba(255,102,153," + opacity + ")";

                ball.fill(cxt);
            })();
        }
    </script>
</head>
```

```
<body>
    <canvas id="canvas" width="200" height="150" style="border:1px solid silver;"></canvas>
</body>
</html>
```

预览效果如图18-8所示。

图18-8 缓动动画作用于小球透明度

分析

在这个例子中，缓动动画作用于小球的透明度，从而实现一种淡入淡出效果。这种淡入淡出效果其实跟jQuery动画或CSS3动画中的淡入淡出效果是如出一辙的，我们可以联系对比一下。

举例：作用于颜色

```
<!DOCTYPE html>
<html>
<head>
    <meta charset="utf-8" />
    <title></title>
    <script src="js/tools.js"></script>
    <script src="js/ball.js"></script>
    <script>
        function $$(id) {
            return document.getElementById(id);
        }
        window.onload = function () {
            var cnv = $$("canvas");
            var cxt = cnv.getContext("2d");

            //初始化数据
            var ball = new Ball(cnv.width / 2, cnv.height / 2, 30);
            ball.fill(cxt);
            var easing = 0.02;

            var red = 255;
            var green = 0;
            var blue = 0;
            var targetRed = 10;
            var targetGreen = 255;
            var targetBlue = 55;
```

```
        (function frame() {
            window.requestAnimationFrame(frame);
            cxt.clearRect(0, 0, cnv.width, cnv.height);

            var vRed = (targetRed - red) * easing;
            var vGreen = (targetGreen - green) * easing;
            var vBlue = (targetBlue - blue) * easing;

            red += vRed;
            green += vGreen;
            blue += vBlue;

            var color = "rgba(" + parseInt(red) + "," + parseInt(green) + "," +
parseInt(blue) + "," + "1.0)";
            ball.color = color;

            ball.fill(cxt);
        })();
    }
    </script>
</head>
<body>
    <canvas id="canvas" width="200" height="150" style="border:1px solid silver;"></canvas>
</body>
</html>
```

预览效果如图 18-9 所示。

图 18-9　缓动动画作用于小球颜色

▶ 分析

在这个例子中，缓动动画作用于小球的颜色，从而实现一种颜色渐变效果，最终效果如图
18-10 所示。

图 18-10　最终效果

　　缓动动画的应用非常广泛，至于能做出什么样的效果，取决于我们把它应用于物体的哪方面属性。小伙伴们别忘了多多尝试实践喔。

18.4　弹性动画简介

　　弹性动画和缓动动画是非常相似的，它们实现的都是"把一个物体从一个位置移动到另外一个位置"的动画效果。不过这两者也有明显区别：在缓动动画中，物体运动到终点就停下来了；但是在弹性动画中，物体运动到终点后还会来回反弹一会儿，直至停止。

　　缓动动画有点像太空战机降落时的缓冲效果，战机到达终点就停下来了；而弹性动画有点像弹簧，在停止之前还会来回反弹一会儿。以后说起这两个动画，我们这样联系就很形象了。

　　从技术上来说，缓动动画和弹性动画有以下 3 个共同点。

- ▶ 需要设置一个终点。
- ▶ 需要确定物体到终点的距离。
- ▶ 运动和距离成正比。

　　两者的不同在于"运动和距离成正比"的实现方式是不一样的，如下。

- ▶ 在缓动动画中，跟距离成正比的是速度。物体离终点越远，速度就越快。当物体接近终点时，它就几乎停下来了。
- ▶ 在弹性动画中，跟距离成正比的是加速度。物体离终点越远，加速度越大。刚开始时，由于加速度的影响，速度会快速增大。当物体接近终点时，加速度变得很小，但是它还在加速运动。由于加速度的影响，物体会越过终点。然后随着距离的变大，反向加速度也随之变大，这就会把物体拉回来。物体在终点附近来回反弹一会儿，最终在摩擦力的作用下停止。

▊ 语法

```
ax = (targetX - object.x) * spring;
ay = (targetY - object.y) * spring;
vx += ax;
vy += ay;
vx *= friction;
vy *=friction;
object.x += vx;
object.y += vy;
```

▊ 说明

　　弹性动画的语法，跟缓动动画的语法非常相似，只不过缓动动画操作的是速度，而弹性动画操作的是加速度。小伙伴们应该将这两者的实现方式认真对比一下。

举例：没有加入摩擦力的弹性动画

```
<!DOCTYPE html>
<html>
<head>
    <meta charset="utf-8" />
    <title></title>
```

```
<script src="js/tools.js"></script>
<script src="js/ball.js"></script>
<script>
    function $$(id) {
        return document.getElementById(id);
    }
    window.onload = function () {
        var cnv = $$("canvas");
        var cxt = cnv.getContext("2d");

        //初始化数据
        var ball = new Ball(0, cnv.height / 2);
        var targetX = cnv.width / 2;
        var spring = 0.02;
        var vx = 0;

        (function frame() {
            window.requestAnimationFrame(frame);
            cxt.clearRect(0, 0, cnv.width, cnv.height);

            var ax = (targetX - ball.x) * spring;
            vx += ax;
            ball.x += vx;

            ball.fill(cxt);
        })();
    }
</script>
</head>
<body>
    <canvas id="canvas" width="200" height="150" style="border:1px solid silver;"></canvas>
</body>
</html>
```

预览效果如图 18-11 所示。

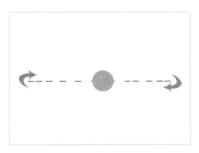

图 18-11　没有加入摩擦力的弹性动画

◤ 分析

咦，大家看到效果后会感觉很奇怪：小球是来回反弹了，但是为什么停不下来呢？那是因为我们还没有把摩擦力考虑进去。其中，小球运动轨迹分析如图 18-12 所示。

弹性运动，往返进行，无能量损耗

图 18-12　小球运动轨迹分析（没有加入摩擦力）

▼ 举例：加入摩擦力的弹性动画

```html
<!DOCTYPE html>
<html>
<head>
    <meta charset="utf-8" />
    <title></title>
    <script src="js/tools.js"></script>
    <script src="js/ball.js"></script>
    <script>
        function $$(id) {
            return document.getElementById(id);
        }
        window.onload = function () {
            var cnv = $$("canvas");
            var cxt = cnv.getContext("2d");

            var ball = new Ball(0, cnv.height / 2);
            var targetX = cnv.width / 2;
            var spring = 0.02;
            var vx = 0;
            var friction = 0.95;

            (function frame() {
                window.requestAnimationFrame(frame);
                cxt.clearRect(0, 0, cnv.width, cnv.height);

                var ax = (targetX - ball.x) * spring;
                vx += ax;
                vx *= friction;
                ball.x += vx;

                ball.fill(cxt);
            })();

        }
    </script>
</head>
<body>
    <canvas id="canvas" width="200" height="150" style="border:1px solid silver;"></canvas>
</body>
</html>
```

预览效果如图 18-13 所示。

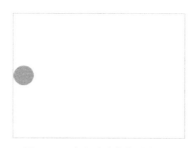

图 18-13　加入摩擦力的弹性动画

▶ 分析

在这个例子中，我们加入摩擦力的影响，小球会在画布中心（终点）处左右反弹一会儿，直至停止。此外，我们可以尝试改变弹性系数的大小，看看不同 spring 值的效果有什么不一样。其中，小球运动轨迹分析如图 18-14 所示。

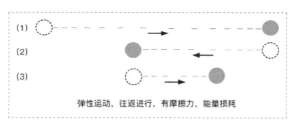

图 18-14　小球运动轨迹分析（加入摩擦力）

▶ 举例：鼠标追随效果

```html
<!DOCTYPE html>
<html>
<head>
    <meta charset="utf-8" />
    <title></title>
    <script src="js/tools.js"></script>
    <script src="js/ball.js"></script>
    <script>
        function $$(id) {
            return document.getElementById(id);
        }
        window.onload = function () {
            var cnv = $$("canvas");
            var cxt = cnv.getContext("2d");

            var ball = new Ball(cnv.width / 2, cnv.height / 2);
            var mouse = tools.getMouse(cnv);

            var targetX = cnv.width / 2;
            var spring = 0.02;
            var vx = 0;
```

```
            var vy = 0;
            var f = 0.95;

            (function frame() {
                window.requestAnimationFrame(frame);
                cxt.clearRect(0, 0, cnv.width, cnv.height);

                var ax = (mouse.x - ball.x) * spring;
                var ay = (mouse.y - ball.y) * spring;

                vx += ax;
                vy += ay;

                vx *= f;
                vy *= f;

                ball.x += vx;
                ball.y += vy;

                ball.fill(cxt);
            })();
        }
    </script>
</head>
<body>
    <canvas id="canvas" width="200" height="150" style="border:1px solid silver;"></canvas>
</body>
</html>
```

预览效果如图 18-15 所示。

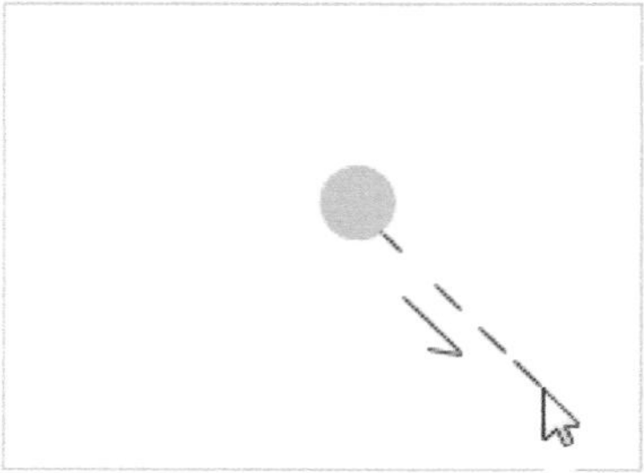

图 18-15 小球跟随鼠标指针移动的弹性动画

分析

上一节小球跟随鼠标指针移动是缓动动画效果，在这个例子中我们只是将之换成了弹性动画罢了，实现思路还是非常相似的。不过，还是缓动动画的效果更加理想。

18.5 弹性动画应用

弹性动画的应用也是非常广泛的，这一节给大家介绍其中最经典的应用——绳球运动。所谓绳球运动，指的是弹性小绳的一端绑着一个小球，通过甩动绳子，小球在力的作用下来回弹动。这个有点像我们平常玩的悠悠球，如图 18-16 所示。

图 18-16 悠悠球

▼ 举例：绳球运动

```html
<!DOCTYPE html>
<html>
<head>
    <meta charset="utf-8" />
    <title></title>
    <script src="js/tools.js"></script>
    <script src="js/ball.js"></script>
    <script>
        function $$(id) {
            return document.getElementById(id);
        }
        window.onload = function () {
            var cnv = $$("canvas");
            var cxt = cnv.getContext("2d");

            var ball = new Ball(cnv.width / 2, cnv.height / 2);
            var mouse = tools.getMouse(cnv);

            var targetX = cnv.width / 2;
            var spring = 0.02;
            var vx = 0;
            var vy = 0;
            var friction = 0.95;

            (function frame() {
                window.requestAnimationFrame(frame);
                cxt.clearRect(0, 0, cnv.width, cnv.height);

                //加入弹性动画
                var ax = (mouse.x - ball.x) * spring;
                var ay = (mouse.y - ball.y) * spring;
                vx += ax;
                vy += ay;
                vx *= friction;
                vy *= friction;
```

```
                    ball.x += vx;
                    ball.y += vy;
                    ball.fill(cxt);

                    // 将鼠标指针以及小球中心连接成一条直线
                    cxt.beginPath();
                    cxt.moveTo(ball.x, ball.y);
                    cxt.lineTo(mouse.x, mouse.y);
                    cxt.stroke();
                    cxt.closePath();
                })();
            }
    </script>
</head>
<body>
    <canvas id="canvas" width="270" height="180" style="border:1px solid silver;"></canvas>
</body>
</html>
```

预览效果如图 18-17 所示。

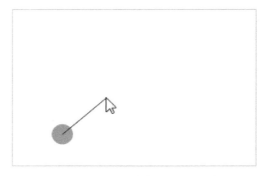

图 18-17   绳球运动（没有加入重力）

◤ 分析

绳球运动非常简单，我们只是在小球追随鼠标指针的基础上，将小球中心与鼠标指针连成一条直线罢了。就是这么简单。

下面我们在这个例子的基础上加入重力的影响，以模拟更为真实的物理效果。

◤ 举例：加入重力影响

```
<!DOCTYPE html>
<html>
<head>
    <meta charset="utf-8" />
    <title></title>
    <script src="js/tools.js"></script>
    <script src="js/ball.js"></script>
    <script>
        function $$(id) {
```

```
            return document.getElementById(id);
        }
        window.onload = function () {
            var cnv = $$("canvas");
            var cxt = cnv.getContext("2d");

            var ball = new Ball(cnv.width / 2, cnv.height / 2);
            var mouse = tools.getMouse(cnv);

            var targetX = cnv.width / 2;
            var spring = 0.02;
            var vx = 0;
            var vy = 0;
            var friction = 0.95;
            //定义重力
            var gravity = 1;

            (function frame() {
                window.requestAnimationFrame(frame);
                cxt.clearRect(0, 0, cnv.width, cnv.height);

                //加入弹性动画
                var ax = (mouse.x - ball.x) * spring;
                var ay = (mouse.y - ball.y) * spring;
                vx += ax;
                vy += ay;
                //加入重力影响
                vy += gravity;
                vx *= friction;
                vy *= friction;
                ball.x += vx;
                ball.y += vy;
                ball.fill(cxt);

                //将鼠标指针以及小球中心连接成一条直线
                cxt.beginPath();
                cxt.moveTo(ball.x, ball.y);
                cxt.lineTo(mouse.x, mouse.y);
                cxt.stroke();
                cxt.closePath();
            })();
        }
    </script>
</head>
<body>
    <canvas id="canvas" width="270" height="180" style="border:1px solid silver;"></canvas>
</body>
</html>
```

预览效果如图 18-18 所示。

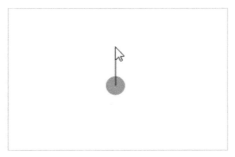

图 18-18 绳球运动（加入重力）

▶ 分析

加入重力影响，这样的效果就跟悠悠球效果差不多了。

第19章
Canvas 游戏开发

19.1 Canvas 游戏开发简介

随着 Web 技术的发展，使用 Canvas 开发游戏迅速地"火爆"起来。近年来很多比较热门的游戏就是用 HTML5 Canvas 开发的，例如《围住神经猫》，如图 19-1 所示。不少经典游戏，包括《捕鱼达人》《愤怒的小鸟》《五子棋》等，现在都可以使用 HTML5 Canvas 实现了。此外，Canvas 在网页游戏开发方面，也是大放异彩。

图 19-1 《围住神经猫》

如果某一天你能够在朋友们面前展示亲手设计的游戏作品，并且这个游戏具有非常漂亮的画面的话，那一定是件很"拉风"的事情！那究竟有多少人自己动手写过游戏呢？我相信很少。有人说，开发游戏实在是太难太复杂了，连想都不敢想。其实，那是因为他们不了解其中的奥秘。

大型游戏一般都需要团队开发才能完成，但是对于一些小游戏，个人也是可以独立开发的。本章，给大家简单介绍 Canvas 游戏开发方面的相关内容。了解这些以后，我们甚至可以尝试独立开发一些小游戏出来喔。

19.2　Box2D 简介

19.2.1　Box2D

Box2D 是暴雪工程师 Erin Catto 使用 C++ 编写的一款非常优秀的物理引擎。在 Box2D 这个物理引擎中，我们可以模拟真实世界的运动情况，其中物体的运动、旋转和碰撞反应等，都会遵循牛顿运动三大定律。

Box2D 最初是用 C++ 编写的，由于它极大提高了游戏开发效率，因此后来又衍生出了 Flash、Java、Object-C 和 JavaScript 等多种语言的版本。

在 Box2D 的物理世界里，b2World 被称为一个世界。在这个世界里，每一个物体都有着自己的形状，并且所有物体都遵循牛顿运动定律。简单来说，使用 Box2D 之后，里面的物体就会变得跟我们现在生活中的物体一样，都会有对应的重力、摩擦力等。

那么，为什么要用 Box2D 呢？这是因为在 Box2D 中，集成了大量的物理力学和运动学的计算。我们只需要调用 Box2D 引擎中相应的对象或函数，就可以模拟现实生活中的匀速、减速、摩擦力、碰撞反弹等各种真实的物理现象。简单来说，使用了 Box2D，我们可以少写大量的代码。

Box2D 是一个功能非常强大的物理游戏引擎，许多知名的游戏就是借助 Box2D 开发的，包括"愤怒的小鸟"，如图 19-2 所示。

图 19-2　"愤怒的小鸟"

19.2.2　Box2DWeb

由于 Canvas 使用的语言是 JavaScript，因此如果想要在 Canvas 游戏开发中使用到 Box2D，我们就应该选择 JavaScript 版本的 Box2D。

JavaScript 版本的 Box2D 有两个：一个是 "Box2DJS"，另一个是 "Box2DWeb"。由于 Box2DJS 已经停止更新了，所以大家不要再使用它，而应该选择 Box2DWeb。

Box2DWeb 的下载地址是：https://github.com/hecht-software/box2dweb（本书同样附有源代码文件）。我们把 Box2DWeb 下载下来，会发现有一个 demo.html 文件，其源代码如下所示。对于这个名为 demo 的源代码文件，我们只需要简单看一下，不需要深入了解。

```html
<html>
    <head>
        <title>Box2dWeb example</title>
    </head>
    <body onload="init();">
        <canvas id="canvas" width="600" height="400"></canvas>
    </body>
    <script type="text/javascript" src="Box2D.js"></script>
    <script type="text/javascript">
        var world;

        function init() {
            var   b2Vec2 = Box2D.Common.Math.b2Vec2
                , b2BodyDef = Box2D.Dynamics.b2BodyDef
                , b2Body = Box2D.Dynamics.b2Body
                , b2FixtureDef = Box2D.Dynamics.b2FixtureDef
                , b2Fixture = Box2D.Dynamics.b2Fixture
                , b2World = Box2D.Dynamics.b2World
                , b2MassData = Box2D.Collision.Shapes.b2MassData
                , b2PolygonShape = Box2D.Collision.Shapes.b2PolygonShape
                , b2CircleShape = Box2D.Collision.Shapes.b2CircleShape
                , b2DebugDraw = Box2D.Dynamics.b2DebugDraw
                ;

            world = new b2World(
                    new b2Vec2(0, 10)    //gravity
                , true                //allow sleep
            );

            var fixDef = new b2FixtureDef;
            fixDef.density = 1.0;
            fixDef.friction = 0.5;
            fixDef.restitution = 0.2;

            var bodyDef = new b2BodyDef;

            //create ground
            bodyDef.type = b2Body.b2_staticBody;
            bodyDef.position.x = 9;
            bodyDef.position.y = 13;
            fixDef.shape = new b2PolygonShape;
            fixDef.shape.SetAsBox(10, 0.5);
            world.CreateBody(bodyDef).CreateFixture(fixDef);

            //create some objects
            bodyDef.type = b2Body.b2_dynamicBody;
            for(var i = 0; i < 10; ++i) {
                if(Math.random() > 0.5) {
                    fixDef.shape = new b2PolygonShape;
                    fixDef.shape.SetAsBox(
```

```
                        Math.random() + 0.1 //half width
                    ,  Math.random() + 0.1 //half height
                );
            } else {
                fixDef.shape = new b2CircleShape(
                    Math.random() + 0.1 //radius
                );
            }
            bodyDef.position.x = Math.random() * 10;
            bodyDef.position.y = Math.random() * 10;
            world.CreateBody(bodyDef).CreateFixture(fixDef);
        }

        //setup debug draw
        var debugDraw = new b2DebugDraw();
            debugDraw.SetSprite(document.getElementById("canvas").getContext("2d"));
            debugDraw.SetDrawScale(30.0);
            debugDraw.SetFillAlpha(0.3);
            debugDraw.SetLineThickness(1.0);
            debugDraw.SetFlags(b2DebugDraw.e_shapeBit | b2DebugDraw.e_jointBit);
            world.SetDebugDraw(debugDraw);

        window.setInterval(update, 1000 / 60);
    };

    function update() {
        world.Step(
              1 / 60     //frame-rate
            , 10         //velocity iterations
            , 10         //position iterations
        );
        world.DrawDebugData();
        world.ClearForces();
    };
    </script>
</html>
```

预览效果如图 19-3 所示。

图 19-3　Box2D 效果

▼ 分析

从这个源代码文件我们可以看出，想要使用 Box2DWeb，我们只需要引入 Box2D.js 文件或 Box2D.min.js 文件就可以了，十分简单。其中，Box2D.min.js 文件是压缩版的 Box2D.js 文件。在实际开发中，我们应该使用的是 Box2D.min.js 文件，这样可以大大减少文件体积，提高页面加载速度。

从这个文件的预览效果我们也能感受到 Box2DWeb 的强大，只需要少量的代码就可以模拟现实世界中物体的重力、碰撞等。这些重力和碰撞都不需要像我们前面几章那样，一个个地去设置。是不是感觉非常棒呢？

其实这里我们也只是领略了 Box2DWeb 的冰山一角而已。由于 Box2DWeb 有自己的一套语法，如果要详细展开，估计又是一本书的内容了。因此，我们这里先让大家简单认识一下 Box2DWeb，让大家知道学完本书之后应该去学习哪些内容。更多关于 Box2DWeb 方面的内容，可以关注绿叶学习网的相关教程。

19.3　HTML5 游戏引擎

想要开发一款游戏，有一个工具不得不提，那就是游戏引擎。游戏引擎，可以为开发者提供编写游戏所需的各种工具，从而相对轻松和快速地开发一款游戏。简单来说，借助游戏引擎，很多东西我们都不需要写了，直接调用就行，大大减少了开发成本和时间。

其实，上一节的 Box2DWeb 也是一种游戏引擎，只不过 Box2DWeb 一般用于实现物理场景。这里我们再给大家介绍几款近年来国内非常流行的 HTML5 游戏引擎。这些游戏引擎大多数都把 Box2D 融合进去了，使得其应用范围更加广泛。并且它们大多数不仅支持 Canvas 渲染，还支持 WebGL 渲染。

1. Cocos2d-JS

Cocos2d-JS（见图 19-4）是 Cocos2d-x 的 JavaScript 版本，一个真正跨全平台的游戏引擎，它采用原生 JavaScript 语言，支持 iOS、Android、Windows Phone8、macOS、Windows 等操作系统。Cocos2d-JS 具有易于使用、高效、灵活、免费、社区支持等特点。

图 19-4　Cocos2d-JS

2. Egret

Egret（见图 19-5），是一款非常流行的基于 TypeScript 语言开发的 HTML5 游戏引擎。

Egret 是遵循 HTML5 标准的 2D、3D 引擎，它解决了 HTML5 性能问题及碎片化问题，灵活地满足开发者开发 2D 或 3D 游戏的需求，并有着极强的跨平台运行能力。它具有多平台渠道功能一键接入、极高的项目开发效率、完整的游戏开发工作流程以及极强的跨平台支持等优势。

图 19-5　Egret

3. LayaAir

LayaAir（见图 19-6）相对前两者，性能更强，号称"H5 游戏引擎性能之王"。LayaAir 裸跑性能堪比 APP，LayaAir 支持 2D、3D、VR 开发，支持多语言开发（包括 JavaScript、ActionScript、TypeScript），并且它的工具链成熟丰富、应用领域广泛。

图 19-6　LayaAir

4. Lufylegend

Lufylegend（见图 19-7）是由资深游戏开发工程师个人独立开发的一款 HTML5 开源框架。Lufylegend 不需要复杂的配置，直接引用 JavaScript 文件即可使用。它采用仿 ActionScript 语法，性能优秀，并且中文 API 齐全。利用 lufylegend 可以轻松地实现面向对象编程，并且可以配合 Box2dWeb 制作物理游戏，另外它还内置了 LTweenLite 缓动类等非常实用的功能。如果想要独立开发一些小游戏，Lufylegend 是个不错的选择。

除了以上游戏引擎，国外还有很多非常优秀的 HTML5 游戏引擎，但它们大多数的参考文档都是英文。上面列出来的这几个都有丰富的参考书籍或中文技术文档，对于开发者来说是非常友好的。

图 19-7 Lufylegend

此外，不同的游戏类型区别很大，如果开发"打地鼠"这种小游戏，自己摸索几个小时就能做出来，难度并不大。但是如果要开发"象棋"这种游戏，主要门槛就不是游戏引擎，而是算法。算法在游戏开发中是非常重要的，如果你想要真正开发出一款游戏，还是需要了解很多算法的。

这一章只是给大家提供一个方向，至于以后在 HTML5 游戏开发方面能够走得多远，就看各位小伙伴的努力了。大家加油！

【解惑】

如果我想要从事 HTML5 游戏开发的工作，直接学习怎么使用游戏引擎不就行了吗，为什么还要费那么多时间去学 Canvas API 以及一些基础动画的实现呢？

其实不然，Canvas API 以及一些常用的动画实现，可以让我们了解底层的东西。只有了解 Canvas 底层实现，我们才能更好地进行各种开发。这个道理就跟我们"为什么学习 jQuery 之外还得把原生 JavaScript 学好"是一样的。我们只有踏踏实实地把基础打好，在面对各种开发需求的时候，才能做到真正的游刃有余。

第 20 章

Canvas 图表库

20.1　Canvas 图表库简介

如今，很多行业内"巨头"对待 HTML5 可谓"众星捧月"。很多 Web 开发者也尝试着用 HTML5 来制作各种各样的富 Web 应用。我们在 Web 开发中，经常需要用各种图表来展示数据，这些图表包括折线图、柱状图、散点图、饼图等，甚至还有用于地理数据可视化的地图、热点图、线图等，如图 20-1 和图 20-2 所示。

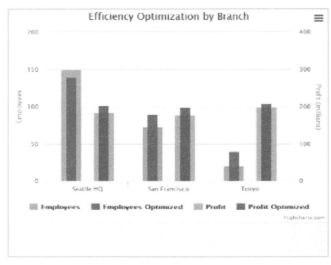

图 20-1　柱状图

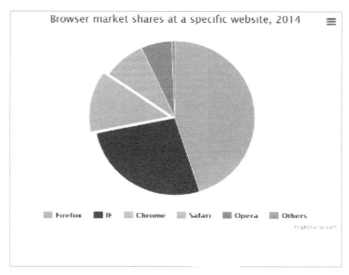

图 20-2　饼状图

通过之前的学习，我们知道可以借助 Canvas 来制作各种图形和图表。但是，有时候 Canvas 原生 API 使用起来却非常不方便。举个简单的例子，对于画一条直线，我们首先要使用 moveTo() 方法，然后调用 lineTo() 方法，并且还得定义直线的各种状态（如颜色、线宽等），最后使用 stroke() 方法才能把一条直线画出来。显然，如果这样做开发的话，效率会非常低。

那么为什么就不能有一个单独的函数直接把直线给绘制出来呢？其实在 Canvas 基础部分的学习中，我们已经接触了很多这样的函数，例如绘制正多边形、五角星等。并且我们也鼓励大家把这些常用的绘制图形的方法封装成函数，以便后期开发时调用。如果小伙伴们有时间和兴趣的话，可以自己尝试建立一套属于自己的图形库或图表库。

事实上，Canvas 发展这么多年，已经有非常多的"轮子"可以用了，而不需要我们再去麻烦地重复造"轮子"。像上面那些图表，如果全部要自己用 Canvas 原生 API 来开发的话，估计"程序猿"这种生物离灭绝不远了。

优秀的图表库很多，但是大多数都是国外开发的，参考文档有限。即使有详细文档，不少小伙伴也有致命的弱点：英文不过关。

这一章给大家介绍两个图表库，一个是 Echarts，另一个是 HightCharts。这两个图表库在国内 Web 开发中用得非常多，它们支持大多数图表的绘制，更重要的是他们有详细的中文文档。

20.2　ECharts 和 HightCharts

ECharts（见图 20-3）和 HightCharts（见图 20-4）是 Web 开发中用得非常多的两个图表库。

对于 ECharts 和 HightCharts，它们都有各自的使用语法，这里我们就不详细展开了，因为官网中已经有非常详细的使用教程了。

图 20-3　ECharts

图 20-4　HightCharts

ECharts 和 HightCharts 是非常相似的，它们有以下共同点。

▶ 丰富的图表类型：两者都提供了常规折线图、柱状图、散点图、饼图；用于统计的盒形图；用于地理数据可视化的地图、热力图、线图；用于关系数据可视化的关系图、treemap；还有各种漏斗图和仪表盘。并且两者都支持图与图之间的混搭。

▶ 良好的兼容性：两者都可以在 PC 和移动设备上流畅运行，兼容当前绝大部分浏览器（IE8及以上版本、Chrome、Firefox 和 Safari 等）。

Highcharts 和 ECharts 的关系就像是 Office 和 WPS 的关系。它们的功能非常相似，但是两者也是有区别的。

▶ HightCharts 基于 SVG 技术，而 ECharts 是基于 Canvas 技术。两者技术基础完全不一样，各有各的特点。

▶ 由于 ECharts 是基于 Canvas 的，因此它能够实现更为酷炫的效果，包括 3D 效果，而这些是 HightCharts 无法实现的。

▶ HightCharts 入门更为简单，文档教程更为详细丰富；而 ECharts 的文档教程相对来说单薄一点。

▶ HightCharts 在全球拥有更为广泛的用户。

▶ HightCharts 用于商业开发，需要付费使用，而 ECharts 则是开源的。

▶ ECharts 支持的图表类型更为广泛，而 HightCharts 对于有些图表支持有限。

对于初学者来说，HightCharts 更容易入手，并且它的参考文档更为详细。不过对于实际开发来说，HightCharts 和 ECharts 都不错，大家可以根据自己的开发需求来选择。

此外，还要告诉大家一点：没有一个图形库是万能的。面对自己独特的图形绘制需求，只有真正了解 Canvas 底层绘制原理，才能完成满足自己需求的程序开发。这也是为什么我们要花时间去学习 Canvas API 和动画基础（也就是本书内容）的原因。

【 最后的问题 】

学完这本书之后，接下来我们应该学哪些内容呢？

Canvas 只是 HTML5 新增的一个 API，实际上 HTML5 新增的 API 还有非常多。如果你想要深入地学习 HTML5 更多的内容，可以看一下"从 0 到 1"系列的《从 0 到 1：HTML5+CSS3修炼之道》。